Planejamento da pesquisa científica

Milton Cordeiro Farias Filho
Emílio J. M. Arruda Filho

Planejamento da pesquisa científica

2ª Edição

São Paulo
Editora Atlas S.A. – 2015

© 2012 by Editora Atlas S.A.

1. ed. 2013; 2. ed. 2015

Capa: Roberto de Castro Polisel
Projeto gráfico e composição: Set-up Time Artes Gráficas

Dados Internacionais de Catalogação na Publicação (CIP)
(Câmara Brasileira do Livro, SP, Brasil)

Farias Filho, Milton Cordeiro
Planejamento da pesquisa científica / Milton Cordeiro Farias Filho,
Emílio J. M. Arruda Filho. — 2. ed. – São Paulo: Atlas, 2015.

Bibliografia.
ISBN 978-85-224-9534-4
ISBN 978-85-224-9535-1 (PDF)

1. Ciência – Metodologia 2. Pesquisa 3. Pesquisa – Metodologia
I. Arruda Filho, Emílio J. M. II. Título.

12.15453
CDD-001.42

Índices para catálogo sistemático:

1. Metodologia da pesquisa   001.42
2. Pesquisa : Metodologia   001.42
3. Pesquisa científica   001.42

TODOS OS DIREITOS RESERVADOS – É proibida a reprodução total ou parcial, de qualquer forma ou por qualquer meio. A violação dos direitos de autor (Lei nº 9.610/98) é crime estabelecido pelo artigo 184 do Código Penal.

Depósito legal na Biblioteca Nacional conforme Lei nº 10.994, de 14 de dezembro de 2004.

Impresso no Brasil/*Printed in Brazil*

Editora Atlas S.A.
Rua Conselheiro Nébias, 1384
Campos Elísios
01203 904 São Paulo SP
011 3357 9144
atlas.com.br

Sumário

Prefácio, vii

1 **Considerações iniciais: conhecimento e pesquisa científica, 1**

2 **Orientações sobre projeto e procedimentos de pesquisa: tema, questões de pesquisa, objetivos e hipóteses, 7**
  2.1 A totalidade e as partes para a compreensão da pesquisa, 8
  2.2 Orientações gerais para elaboração de um projeto de pesquisa, 10
  2.3 Escolhendo um tema para a sua pesquisa, 12
  2.4 Definição do problema de pesquisa e das questões auxiliares, 14
    2.4.1 Identificando as variáveis de um problema de pesquisa, 18
  2.5 Determinação dos objetivos gerais e específicos, 21
  2.6 Construção de hipóteses, 24

3 **Justificativa, revisão da literatura e referencial teórico, 31**
  3.1 Elaborando a justificativa, 32
  3.2 Revisão de literatura ou "estado da arte", 33
  3.3 Referencial teórico ou a teoria de base analítica, 43

vi Planejamento da pesquisa científica • Farias Filho e Arruda Filho

4 Metodologia da pesquisa: o levantamento dos dados e informações, 55

4.1 Classificação ou tipologia de pesquisa, 59

    4.1.1 Quanto aos campos e setores do conhecimento, 61

    4.1.2 Quanto à utilização de seus resultados, 62

    4.1.3 Quanto a sua abrangência de tempo, 62

    4.1.4 Quanto a seus objetivos, 63

    4.1.5 Quanto ao tipo de abordagem, 63

    4.1.6 Quanto aos procedimentos técnicos, 64

    4.1.7 Quanto ao local de realização, 67

    4.1.8 Quanto à procedência dos dados, 68

4.2 O planejamento da pesquisa: orientações preliminares, 68

4.3 Procedimentos de pesquisa: métodos, técnicas e instrumentos de coleta de dados/informações, 75

    4.3.1 Sobre procedimento de coleta de dados na pesquisa quantitativa e a pesquisa *survey*, 77

    4.3.2 Sobre a coleta de dados/informações na pesquisa qualitativa, 91

4.4 Sobre instrumentos de coleta de dados e informações na pesquisa científica, 114

    4.4.1 Orientações para a preparação e o uso do questionário e formulário, 115

    4.4.2 Orientações para a construção e uso do roteiro de entrevista, 131

5 Procedimentos de análise dos resultados de pesquisa, 137

5.1 O uso da análise de conteúdo em pesquisa, 139

5.2 O uso da análise do discurso, 145

5.3 O uso da análise estatística por meio de estudos matriciais, 148

Referências, 155

Prefácio

Sinto-me honrada por ter sido convidada para prefaciar esta obra. Esta honra se dá por vários motivos, e posso apontar pelo menos três deles. Primeiro, pela deferência dada a mim pelo convite. Segundo, pela aproximação profissional e de amizade que tenho com os autores – Milton Cordeiro Farias Filho e Emílio José Montero Arruda Filho – com os quais tenho o prazer de cotidianamente dividir a labuta do trabalho científico. Terceiro, e o mais importante dos motivos, a possibilidade de expressar algumas palavras sobre uma excelente e ímpar obra sobre planejamento e análise de dados de pesquisa científica.

Milton e Emílio conseguem transmitir nesta obra seus domínios teóricos e suas grandes experiências na consecução de projetos de pesquisa por via de uma linguagem clara e objetiva, o que é muito rico, principalmente para os pesquisadores iniciantes de graduação e pós-graduação.

A obra destaca, inicialmente, a importância do planejamento da pesquisa científica de modo que esta seja efetiva em seu resultado. Os autores estressam o quão é significante a escolha do tema de pesquisa e o que o diferencia do problema de investigação propriamente dito, confusão sempre presente nos trabalhos dos pesquisadores iniciantes. Tema e problema de pesquisa não emergem ao acaso, mas sim da observação empírica do pesquisador sobre uma realidade concreta e da revisão da literatura sobre o que já há produzido sobre o assunto, seja de forma direta ou, ainda, a partir de discussões similares. Um tema de pesquisa deve ser relevante para a ciência e para a sociedade e, para isso, o pesquisador precisa mostrar por via da "justificativa de pesquisa" o quanto é importante o seu trabalho. Sem uma boa definição do tema e do problema de investigação, não há como definir claramente objetivos e hipóteses de pesquisa.

A construção de objetivos e hipóteses de pesquisa é outro ponto que os autores destacam de forma clara e interessante. Milton e Emílio buscam mostrar as diferenças entre esses termos e apresentam exemplos de como redigi-los com a utilização apropriada dos verbos que os fazem distinguir um do outro. Objetivo é sempre um resultado futuro que se quer alcançar e hipótese é uma resposta antecipada ao problema de pesquisa levantado. Ambos derivam do problema de investigação elaborado, mas possuem características e finalidades diferentes na consecução do planejamento de pesquisa.

Os autores são muito felizes ao mostrarem de forma didática ao leitor algumas possibilidades de classificação de pesquisa. Embora qualquer classificação de pesquisa seja sempre incompleta, as classificações apresentadas nesta obra são muito úteis para o planejamento da pesquisa, pois têm o potencial de orientar o pesquisador na definição de sua metodologia de investigação e, consequentemente, seus procedimentos e instrumentos de coleta de dados e informações. Destaque-se que a obra identifica vários exemplos derivados tanto da abordagem qualitativa quanto da quantitativa, pois ambos trabalham com diferentes métodos de pesquisa. A abordagem de pesquisa é definida, de fato, pelo objeto e o problema a ser investigado, sendo assim, o pesquisador precisa entender ambas as perspectivas antes de definir sua própria metodologia.

A obra também destaca que a escolha da metodologia está intrinsecamente relacionada com o problema e os objetivos da pesquisa. Enfim, os autores mostram que o desenho de pesquisa, envolvendo tema, problema, objetivos, hipótese, teoria e metodologia é, certamente, fundamental para mostrar a coerência de todo o trabalho de investigação.

Os autores dedicam um capítulo inteiro do livro para discutir análise de dados, o que indica que eles não se restringem apenas ao planejamento da pesquisa, mas, e, sobretudo, na sua consecução, análise e interpretação. Milton e Emílio dão significativas ênfases na análise estatística por meio de estudos matriciais, análise de conteúdo e análise do discurso, sendo a primeira da abordagem metodológica quantitativa e as duas últimas da abordagem qualitativa.

Escrita sob uma linguagem de fácil compreensão, esta obra vem cobrir uma lacuna dentre as diversas obras que existem no mercado quanto ao planejamento de pesquisa e análise de dados. A importância da obra não está apenas nas explicações teórico--abstratas que, por sinal, os autores fazem muito bem, mas, sobretudo, na permanente apresentação de exemplos objetivos e didáticos advindos principalmente, embora não de forma exclusiva, da ciência administrativa.

Trata-se de uma obra que motiva significativamente a elaboração de trabalhos científicos em diferentes níveis acadêmicos. Aos leitores, digo: aproveitem ao máximo este compartilhamento de conhecimentos e experiências que os autores nos oferecem com esta obra que chega, em função da sua qualidade e grande demanda, em sua segunda impressão.

Ana Maria de Albuquerque Vasconcellos, PhD
Coordenadora Adjunta do Programa de Pós-Graduação em
Administração
Universidade da Amazônia

1

Considerações iniciais: conhecimento e pesquisa científica

O debate sobre a origem do conhecimento científico se situa nas defesas dos autores da chamada escola do "pensamento britânico", que se apoiavam no empirismo como forma de produzir novos conhecimentos a partir da razão e da observação (cujos autores são Bacon, Locke, Berkeley, Hume e Mill) e da escola de "pensamento continental", que tinha como princípio os ideais do racionalismo clássico ou intelectualismo (seus expoentes são Descartes, Spinosa e Leibniz), tendo a razão pura como fundamento da explicação de novos conhecimentos. Para a escola britânica o conhecimento tinha origem na observação; já a escola continental defendia que a base do conhecimento estava na intuição intelectual de ideias claras e distintas (POPPER, 1994).

A ciência moderna de que trata este capítulo introdutório é resultado desse debate sobre a origem do conhecimento, mas se situa numa definição mais prática e se relaciona com o que Kuhn (2003) tratou como "ciência normal", que é a pesquisa baseada em uma ou mais realizações científicas, reconhecidas durante algum tempo por uma determinada comunidade científica, e que proporciona os fundamentos para sua prática posterior. São as práticas do passado que explicam as do presente, porém os questionamentos dessas práticas do passado, mesmo que pouco comuns, são responsáveis pela evolução científica ou revolução.

Sem entrar no debate, Bunge (2002) divide a ciência em dois tipos: (a) ciência formal, que tem sua base em construtos, nas formulações gerais, em conceitos e combinações, modelos e leis gerais; (b) ciência factual, cujos fundamentos vêm dos fatos. Este tipo de ciência está mais voltado para estudos da realidade prática, do cotidiano, das coisas concretas que precisam de procedimentos conceituais e de observação.

Ciência é o conhecimento gerado a partir de um processo em que é operado um sistema de princípios ou leis gerais especialmente obtidos e testados por intermédio de métodos. Portanto, o conhecimento científico é um produto resultante da investigação metódica, da prática do pensar e do observar, do agir e do tentar (repetir experimentos).

As formulações gerais que sustentam a ciência formal necessitam de outros fundamentos de que este livro não tratará. As orientações gerais que aqui serão dadas estão voltadas para o segundo tipo de ciência e a preocupação com procedimentos operacionais é seu objetivo. Sua proposta é buscar introduzir os iniciantes no planejamento metódico das formas de pensar a prática da pesquisa.

As orientações para a produção do conhecimento têm como base a lógica e a dinâmica da ciência moderna. Ela se desenvolveu a partir do século XVII, com a aplicação do método indutivo por Galileu e Bacon. Suas descobertas de princípios gerais, a partir de conhecimentos específicos, levaram a desenvolver formulações hipotéticas, que foram submetidas a testes. Para esses autores, o método tinha dois momentos: indução e dedução.

O método passou a ser parâmetro para o conhecimento e a experimentação, fonte da construção do saber. Partia-se de uma visão micro para uma conclusão ou enunciado macro. Posteriormente, Decartes propôs a aplicação de princípios gerais a casos específicos (particulares). Com a evolução da ciência moderna, a objetividade passou a ser motor da construção do conhecimento e referência às ações do homem nos seus estudos científicos. Daí a discussão que atravessa séculos e que deixa nomes de cientistas que até nossos dias são referências para um estudo mais aprofundado sobre ciência e sua evolução, como: Galileu, Bacon, Decartes, Spinoza, Leibniz, Newton, Pareto, Popper, Kuhn etc.[1]

Da mesma forma que os estudos evoluíram, suas abordagens também avançaram, e a disciplina acadêmica passou a ser referência da ciência moderna nas universidades, pelo menos daquilo que Kuhn (2003) chama de "ciência normal". Isso provocou uma discussão mais profunda sobre o objeto da ciência, porque o conhecimento científico passou a não ser mais gerado com parâmetro em uma mesma disciplina acadêmica (com base em seu objeto de ciência). Alguns estudos científicos são uma interseção de duas ou mais disciplinas acadêmicas; estes são os estudos interdisciplinares.

A realidade estudada não pode mais ser explicada pelos procedimentos metodológicos e fundamentação teórica de uma só ciência. Essa é uma das mudanças na "ciência normal", porque a evolução rápida de uma ciência em torno de um mesmo objeto se aproximou de outros enunciados científicos que aparentemente estavam distante e exigiu um esforço comum de duas ou mais ciências. Isso foi também impulsionado pela excessiva fragmentação científica nos séculos XIX e XX. Exemplo disso é a aproximação entre engenharia e medicina para resolver problemas como de uma perna com osso esfacelado ou de um membro atrofiado. Os

---

[1] Para se ter uma visão introdutória e didática da evolução da ciência e dos 15 principais cientistas que revolucionaram o pensamento científico, consulte o trabalho de Gleiser (2005, p. 33-34), que mostra os feitos de cada um deles e como modificaram a forma de se ver o mundo, por intermédio da ciência. São eles: Tales de Mileto, Demócrito, Platão, Aristóteles, Copérnico, Galilei, Kepler, Newton, Lavoisier, Faraday, Darwin, Planck, Einstein, Bohr e Hubble.

princípios da engenharia e da medicina conjuntamente entraram para resolver um problema de um mesmo objeto: o ser humano.

Por isso, surgiu a noção de interdisciplinaridade, ou seja, um processo interno de integração dos elementos de várias ciências (basicamente a teoria tem esse papel de integração), rompendo com a explicação baseada apenas em uma disciplina. Com essa nova postura científica, foi necessário o surgimento de um conjunto axiomático novo e comum a várias disciplinas. Essa noção tinha como objetivo dar uma visão unitária a um fenômeno que já não podia mais ser analisado pela ótica de uma só disciplina acadêmica, porque muitas vezes apresentava-se como uma realidade complexa (no caso do osso esfacelado, nem a medicina nem a engenharia isoladas conseguiriam respostas ou soluções para o problema).

A dinâmica da ciência é reflexo da complexidade da sociedade. Não é mais possível pensar apenas na explicação científica amparada por procedimentos, métodos e técnicas de uma única ciência, porque a sociedade e a realidade objetos de estudo do cientista são tão complexas que limitam a explicação única.

O método científico é uma série de procedimentos realizados com a finalidade de reduzir as chances de erro, considerado aqui como a redução das probabilidades, ou seja, probabilidades de se realizarem suposições prováveis, e não de verdades absolutas.

Como todo método tem suas limitações, o esforço do pesquisador é buscar nas fontes de evidência elementos que, de forma coerente, permitam construir conclusões consistentes com o objeto estudado. O método é um processo de busca da explicação ou de respostas às questões que o fenômeno exige que o pesquisador faça. O objetivo da investigação (pesquisa) é o conhecimento a ser gerado como ciência, que só é possível quando se opera uma teoria, um método e um conjunto de técnicas aplicado à empiria. A empiria exigirá do pesquisador a busca de ampliar os procedimentos para a explicação da realidade, sempre difícil de captar, compreender e explicar.

A pesquisa científica é uma atividade racional que busca explicações para uma realidade (fatos/fenômenos) que não se apresenta da mesma forma como o pesquisador quer explicar ou quer compreender. Procedimentos científicos são coerentes com os objetivos da pesquisa e seus resultados são condizentes com os métodos, técnicas, instrumentos e procedimentos utilizados. A principal "ferramenta" de análise dos resultados de uma pesquisa é a teoria, e para embasar uma pesquisa muitas vezes é necessário fazer adequações à realidade estudada, que na maioria das vezes é distinta do objeto de pesquisa que deu origem à teoria.

A evolução da ciência também gera uma evolução na sua forma de construção e os métodos científicos também evoluem. Um método pode ser trabalhado por um pesquisador e adaptado com novas técnicas ou procedimentos sempre que sua pesquisa necessitar de novas evidências para construir conclusões que revelem algo novo para o campo da ciência que estuda. Por isso não existe um método capaz de dar conta de toda a realidade, em virtude da complexidade que ela tem. O pesquisador consegue compreender apenas uma parte dessa realidade e essa pequena parte precisa ser sistematicamente planejada para que seja considerada uma "revelação científica" ou que demonstre fatos relevantes para a ciência e que seja reconhecida entre os "praticantes" da ciência que a pesquisador pretende ajudar a desenvolver.

Cada descoberta científica é cercada de erros e acertos, incertezas e intuições, evidências coerentes e incoerentes, processos contínuos e descontínuos, dúvidas e certezas, interpretações falsas e seguras. A realidade que se apresenta para o pesquisador sempre será de novidades, quando ele se posiciona diante dela querendo aprender. Suas certezas prévias levam qualquer pesquisador a ver os fatos de forma equivocada. A inquietude diante dos fatos e a curiosidade para descobrir as relações mais coerentes entre fatos e seus reflexos, entre causas e efeitos, é o que leva um pesquisador a avançar nas descobertas científicas relevantes.

É comum se ver uma incerteza ou uma definição não consensual entre determinados conceitos de algum método ou técnica. De um lado temos as definições que evoluem com o passar dos tempos e com o acúmulo de pesquisas numa dada ciência. Quando uma pesquisa segue literalmente os procedimentos indicados por um manual de determinado método, isso não significa que ela terá uma resposta prevista, coerente e consistente com seu objeto ou objetivo. Todo método, por ser limitado, não dá conta de explicar de forma geral e ampla a realidade estudada. Também cada método é operacionalizado por uma ou mais técnicas e quando isso acontece algumas adaptações são necessárias, porque as realidades pesquisadas são sempre diferentes e essa adaptação tem relação com a empiria. Quando um conjunto de métodos e técnicas é operacionalizado, tanto métodos quanto técnicas evoluem ou modificam-se, porque eles são resultados da realidade e sempre trazem novidade, quando seguem os parâmetros científicos.

Os métodos ou as técnicas não serão os mesmos com o passar dos tempos, ou quando mais pesquisas se acumulam, porque sempre se terá um pesquisador utilizando-os de forma distinta das que foram utilizadas pelos seus idealizadores originais. A evolução ou modificação se dá pelo uso diferente em realidades distintas e isso acarreta uma evolução metodológica.

Este livro pretende mostrar como essa postura é importante e o empenho do pesquisador iniciante fará toda a diferença entre fatos novos revelados e velhas versões com "cara nova". Tratará de explicar o planejamento dos métodos e técnicas com a certeza de que parte dos ensinamentos dele está baseada não só nessa concepção de evolução ou mudança, mas também na certeza de que é apenas uma forma de uso para cada método e técnica aqui apresentados e seus procedimentos podem ser adaptados sempre que necessário e que a realidade pesquisada assim exigir.

2

Orientações sobre projeto e procedimentos de pesquisa: tema, questões de pesquisa, objetivos e hipóteses

Uma pesquisa científica é uma etapa da construção do conhecimento e a necessidade de se projetar sua execução é o que leva à tomada de decisão prévia do pesquisador na definição de alguns cuidados e procedimentos. Por isso, a noção de projeto é a de um plano de execução de um trabalho, cujas etapas muitas vezes são simultâneas; outras vezes são exclusivas. Na fase de projeto, é necessário prever, com o máximo de cuidado e detalhes, o que será realizado em momento futuro (a pesquisa).

A primeira etapa de uma pesquisa é o seu planejamento, que serve para definir objetivos e responder a perguntas previamente elaboradas. Antes de planejar uma pesquisa é importante o conhecimento prévio da variedade de métodos, técnicas, procedimentos e instrumentos de coleta de dados/informações, para que, assim, possam-se selecionar melhor os métodos mais adequados aos objetivos da pesquisa. Para isso, escolhe-se entre estudo de dados secundários, levantamentos, experimento, simulação etc.

A resolução de problemas é uma atividade puramente intelectual, metódica, mas que precisa ser colocada em prática para receber a confiança em seus resultados. Quanto mais exatos forem os raciocínios, mais exatos serão os resultados e maior será a contribuição para a resolução dos problemas científicos. A pesquisa científica exige persistência, disciplina, procedimentos adequados e busca por fontes de evidência confiáveis para que se possa chegar a resultados consistentes para obterem conclusões coerentes com o que se propôs o pesquisador.

2.1 A totalidade e as partes para a compreensão da pesquisa

Tudo o que existe no mundo é feito de partes. Mas isso não significa que todas as coisas sejam iguais. O princípio de que todas as coisas são únicas leva à lógica de que todos os problemas são únicos. Não existe um problema igual ao outro. Assim, todo problema é um todo, diferente dos demais. E é preciso saber o porquê disso, para poder saber como os resolver.

Para se compreender a noção de todo é preciso que se entenda o que sejam as partes desse todo. As partes são como os tijolos na construção de um muro. Cada um tem o seu papel na composição do todo. Resolver um problema é saber exatamente qual é o papel de cada parte na composição do todo, para que se perceba de que forma cada parte deverá se comportar.

Para que se inicie uma proposta de investigação ou um projeto de pesquisa, o ponto fundamental é uma indagação, um questionamento central que moverá a pesquisa. Sem uma questão não haverá pesquisa, porque sem ela não há ao que responder, e uma pesquisa é basicamente o esforço sistemático de encontrar uma explicação (coerente e convincente), mesmo que parcial, para uma situação existente, uma pergunta real ou imaginária que precisa de resposta.

A mais simples pesquisa realizada no dia a dia é a conhecida "pesquisa de preço" da dona de casa. Parte dessa compreensão. A dona de casa parte do seguinte questionamento: Em qual estabelecimento há o produto desejado pelo menor preço? Mas ela pode ser movida por outra indagação: Em que estabelecimento está o melhor produto desejado? Dessa forma ela está trabalhando com duas variáveis: *preço* e *qualidade*. Ela pode aliar as duas e passar a procurar mais e por mais tempo, porque, agora, sua pesquisa precisa de duas respostas e elas devem estar juntas, num mesmo local (estabelecimento). Portanto, em um mesmo estabelecimento deve estar o produto de boa qualidade e com menor preço.

As duas variáveis não podem ser encontradas separadamente, porque isso não resolveria o problema da dona de casa, já que não interessa a ela separar as duas variáveis. O problema dela, então, só será resolvido quando encontrar as duas variáveis em um mesmo produto, no mesmo estabelecimento, porque ela não pode adquirir um produto pelo preço menor em um estabelecimento e o mesmo produto com a qualidade desejada em outro estabelecimento. Nesse caso, as duas variáveis (menor preço + qualidade desejada) precisam se manifestar em um mesmo produto e estar em um mesmo estabelecimento para que a pesquisa alcance seu objetivo e ao final saiba-se responder uma pergunta inicial.

Assim, para pensar em iniciar uma pesquisa (ter uma ideia), por mais simples que ela seja, deve-se iniciar por uma questão, ou várias conjuntamente. Então, cada questão terá obrigatoriamente uma ou mais variáveis que conduzirão o pesquisador em busca de resposta. Para isso, ele deve elaborar formalmente um projeto, um plano de pesquisa.

É comum estudantes denominarem o projeto/plano de pesquisa de "pré-projeto". Mas isso é incoerente! O projeto é a fase prévia da pesquisa (pré); logo, uma fase prévia do projeto (pré-projeto) é a ideia de desenvolvê-lo, é a questão ou as questões de pesquisa que, quando elaboradas formalmente e organizada sistematicamente a busca por respostas, tornam-se um plano de pesquisa, um projeto. Por isso, não há uma fase formal, escrita, chamada de "pré-projeto" e, sim, um projeto ou um plano. Ainda que esse projeto seja pequeno e simples, ele será um "pequeno projeto", mas não um "pré-projeto". Isso é redundância!

A fase inicial de pré (ao projeto) são as bases racionais (a ideia) que serão responsáveis pela etapa posterior (o projeto/ plano de pesquisa escrito e formal). Então, o pesquisador deve raciocinar assim: a pesquisa é o ponto de referência. O projeto é a fase anterior (pré), precedente à pesquisa. Já o relatório de pesquisa (artigo, monografia, dissertação, tese) é a fase posterior a ela (pesquisa). Por isso, na redação de um projeto, os verbos usados serão no futuro (pois a pesquisa será executada num tempo futuro) e o relatório da pesquisa deve usar o tempo passado para se referir a qualquer etapa da pesquisa, pois ele (relatório) é o futuro da pesquisa, e ela (pesquisa) foi desenvolvida num tempo passado. Então, temos como ponto de referência a pesquisa e antes dela o projeto para executá-la e posteriormente à pesquisa vem o relatório, que relata seus resultados.

2.2 Orientações gerais para elaboração de um projeto de pesquisa

O projeto é um planejamento das ações futuras de pesquisa e envolve um esforço grande para alcançar os objetivos propostos. Uma pesquisa que apresenta seu relatório sem mostrar que alcançou seu objetivo é inacabada! Por isso, é importante traçar objetivos bem claros e alcançáveis. Ao se projetar uma pesquisa, deve-se pensar na capacidade de desenvolvê-la com os recursos disponíveis (e o tempo é o recurso mais escasso). Portanto, um projeto de pesquisa não pode ser visto como mera formalidade para o estudante. O projeto é o planejamento de uma atividade (pesquisa) cuidadosa na condução e seus resultados serão confiáveis, quando se tomam todos os cuidados teóricos e metodológicos.

É comum cada professor e/ou programa de pós-graduação, instituição etc. pedir um formato (roteiro) de projeto. O roteiro que será apresentado a seguir é comumente utilizado. São partes constituintes que variam de acordo com cada exigência. A sequência pode variar, porém é pouco provável que o conteúdo mude.

E, se algum desses elementos não for cobrado em um projeto, aprenda-os assim mesmo, pois aprender mais sempre é melhor do que não aprender. Essa sequência é a mesma do livro.

1. definição do tema de pesquisa (vinculado a uma área e subárea da ciência);
2. formulação do problema e das questões auxiliares (norteadoras da pesquisa);
3. determinação dos objetivos (geral e específicos);
4. construção de hipóteses (respostas provisórias às questões formuladas);
5. elaboração da justificativa (social, pessoal/profissional, acadêmica, outras). Aqui cabe uma breve apresentação de dados/informações sobre o ambiente/objeto da pesquisa;
6. leitura de revisão da literatura (material produzido, científico e não científico, sobre o tema/assunto em estudo);
7. definição do referencial teórico (discussão de categorias, conceitos e variáveis de uma determinada teoria científica);
8. planejamento da pesquisa (procedimentos metodológicos);
   8.1. caracterização do ambiente e do objeto da pesquisa com demonstração de seu recorte (foco):
   a) pesquisas quantitativas – plano amostral com definição do tipo de amostra, margem de significância e de erro, critérios de seleção e outros procedimentos estatísticos etc.;
   b) pesquisas qualitativas – plano com definição dos critérios de seleção da população/objeto a ser pesquisado;
   c) escolha e definição dos instrumentos de coleta/formas de levantamento de dados e de informações;

d) elaboração de plano de campo e previsão de tratamento dos resultados;

e) previsão do relatório de pesquisa (trabalho monográfico).

2.3 Escolhendo um tema para a sua pesquisa

Trata-se de uma área de interesse a ser investigada; é a primeira aproximação, cujas orientações para a escolha podem ser ordenadas assim:

a) Procure um tema que evite apelos do senso comum e faça um esforço para ser o mais original possível. Não é que o tema deva ser novo e sim o problema e o foco da pesquisa que devem ser novos. Lembre-se de que não existem problemas iguais (como mostra o item 2.1). Trata-se muitas vezes de uma nova forma de se pesquisar um objeto já muito pesquisado. Toda pesquisa é diferente da outra, porque busca por respostas diferentes, já que trata de problemas também diferentes. Mesmo que esteja tratando de um mesmo tema, os problemas devem ser originais para gerar respostas também originais. A busca do novo é a busca por algo que seja relevante para a área do conhecimento (ciência) de que o pesquisador é praticante.

b) Verifique se há reais possibilidades de o problema ser pesquisado. São muitos os limites quanto à execução de uma pesquisa; por isso, veja a possibilidade de sua execução dentro da temática.

c) Uma leitura inicial ajudará a observar a relevância de se pesquisar o tema. As leituras são capazes de mostrar isso. Veja a pertinência de se pesquisar o que se propõe.

d) Por último, faça um "teste de paciência", se realmente você vai sentir prazer em pesquisar a temática, se vai ser interessante pelo esforço e pelo tempo que serão destinados a ela. Claro que aí estão a sua capacidade, o tempo e outros recursos disponíveis, ou seja, a viabilidade da pesquisa a partir das condições do pesquisador e da disponibilidade de dados, o acesso às fontes e ao objeto a ser pesquisado.

Algumas vezes, essa é uma etapa secundária, ou seja, primeiramente se faz uma leitura mais geral sobre questões da vida real que se manifestam para o estudante e, então, ele vai fazendo verificação das variáveis, para seguir até a formalização do problema e das questões de pesquisa. Em seguida, recorre a uma literatura mais aprofundada e define realmente o tema em que está interessado. Esta é a forma mais recomendada para os iniciantes, para que não fiquem com o tema conduzindo sua busca de resposta. Ao contrário, a busca de resposta só é possível quando se tem uma pergunta. Senão, teremos a busca por solução sem um problema! Portanto, é melhor começar lendo um pouco sobre o tema de interesse.

Também é comum os estudantes partirem do objeto (por exemplo, uma empresa ou uma comunidade por ser o objeto de pesquisa que pretendem estudar) para, em seguida, começarem a procurar um problema de pesquisa, pois acreditam que haja algum problema, já que em todos os lugares existem problemas a serem investigados. Partem, então, de um raciocínio falso, pois já iniciam a pesquisa com questionamentos forçados, e a tendência ao viés (desvio da direção adequada) é muito elevada.

Outras vezes, iniciam de uma hipótese sem fundamento e a partir dela tiram conclusões apressadas; com base nelas, querem formular questões de pesquisa e encontrar, na literatura, a prova para suas conclusões. Na verdade, começam com uma hipótese falsa e/ou uma premissa falsa. Portanto, é necessário identificar um problema de pesquisa no objeto diretamente, ou por meio da literatura (textos sobre o tema).

2.4 Definição do problema de pesquisa e das questões auxiliares

Quando se pretende pesquisar um fato/fenômeno, é necessário, inicialmente, estabelecer que tipo de estudo será realizado. A partir de que raciocínio (uma ideia) o estudo vai iniciar. Que resposta pretende-se apresentar. Nesse caso, alguns passos são importantes. Um bom início é partir da definição de uma área (parte maior de uma determinada ciência). Assim, "definir questões de pesquisa é provavelmente o passo mais importante a ser considerado em um estudo de pesquisa" (YIN, 2005, p. 26).

É sempre importante lembrar que uma pesquisa é um processo encadeado e sequencial de busca por respostas para uma pergunta prévia e formalmente elaborada. Portanto, sem questões não há pesquisa, sejam essas questões formuladas no início ou durante a fase de exploração de campo.[1]

Em administração, podemos selecionar como área de interesse a de recursos humanos. Podemos tratar como uma subárea o treinamento de pessoal. O tema proposto, então, é: *as implicações do treinamento nos resultados das empresas*. O problema de pesquisa é: *De que forma o treinamento de pessoas que trabalham nas recepções melhora os resultados da empresa Amazônia?* A partir daí, podemos obter questões de pesquisa relacionando *treinamento* com variáveis mais específicas de resultados (*financeiro, produtivo* etc.); tipos de treinamento; formas de treinamento etc. Com base neste simples exemplo, apresentam-se as orientações para a elaboração de um problema e de questões de pesquisa:

---

[1] Alguns defendem que a elaboração de uma pergunta de pesquisa, ou de questões de pesquisa, é uma imposição de metodologias tradicionais. Essas críticas são fortes por parte dos defensores da metodologia de pesquisa-ação, por entenderem que o próprio campo, o dia a dia da pesquisa, é o que faz as questões de pesquisa surgir, o que não justifica uma definição prévia do que se quer pesquisar (LUNA, 2007, p. 18). Nas palavras de um defensor da pesquisa-ação, "Na pesquisa-ação é criada uma situação de dinâmica social radicalmente diferente daquela da pesquisa tradicional" (BARBIER, 2007, p. 56).

a) Quando se elabora uma questão de pesquisa, ela deve ser mais clara e objetiva quanto possível; por isso, a clareza e a evidência do que se pretende pesquisar são fundamentais. A questão não facilitará o desenvolvimento da pesquisa se estiver confusa, com dupla interpretação.

b) O empirismo facilita a elaboração da questão, ou seja, quando se elabora uma questão baseando-se numa dada realidade da vida social, organizacional, de grupo etc. (um fato/fenômeno real), pois fica mais fácil compreender sua abrangência e verificar a possibilidade de buscar resposta.

c) Na elaboração, tem-se que pensar na possibilidade de encontrar respostas, por ser esse o sentido de existência da pesquisa em si.

d) Para melhor verificarmos se as questões estão adequadas à pesquisa que queremos realizar, podemos propor a seguinte verificação de sua pertinência e coerência: Quais são as características do fato/fenômeno observado? O que acontece para que ele se manifeste e de que forma se manifesta? Em que ordem as coisas (fatos correlatos) acontecem? Quem é afetado pelo problema/fato/fenômeno? Quando acontece e quando não acontece? Por que isso pode ser um problema a ser pesquisado? Por que necessita ser resolvido? Como e o que se pode fazer para resolver (responder)?

Uma pergunta de pesquisa é todo problema cuja resposta seja de interesse da comunidade científica. É a comunidade científica que julgará a proposta que estará contida no projeto de investigação. Se interessar a essa comunidade que sejam identificadas as questões do ambiente organizacional levadas em consideração no desenvolvimento organizacional, o pesquisador poderá se propor a enfrentar tal desafio. Uma das possíveis perguntas de pesquisa poderia ser: "Quais são as variáveis do ambiente organizacional determinantes para o desenvolvimento das organizações da esfera municipal de Paragominas-PA?"

Para melhor compreensão de como se deve pensar no momento de elaboração das questões de pesquisa, as orientações a seguir são para auxiliar:

1. é fundamental que todas as atividades a serem executadas sejam feitas com base na noção de totalidade, para que se possam prever seus resultados;
2. a noção de totalidade permite que se vejam as coisas no futuro, com os pés no presente;
3. a maior causa de fracassos de planejamento e de previsão é não se ter uma compreensão apurada do que seja totalidade. Exercite a identificação do todo e de suas partes para compreender o problema e, dessa forma, melhor formular as questões de pesquisa (ver item 2.1).

Muitas vezes, o problema ainda não tem a sua forma bem definida, ou seja, ainda não está claro, preciso, com suas variáveis bem determinadas. No entanto, ele já existe, de alguma forma, na mente do estudante. Este tem uma ideia, mas ainda não conseguiu compreender bem o objeto que pretende estudar melhor. Várias atividades são feitas para que aquele problema ainda em "estado bruto" seja "lapidado" e tome contornos bem definidos de um problema ou questão de pesquisa.

De um ponto de vista sistêmico, algo particular está contido em algo mais geral ou, de outra forma, algo mais simples faz parte de algo mais complexo. Dessa forma, todo e qualquer problema faz parte de algo que o contém. Por exemplo: "Qual é a relação entre satisfação do cliente e volume de vendas?" Aqui, dependendo do tratamento que o problema prático requer, "satisfação do cliente" pode fazer parte do tema "dimensões psicológicas de satisfação do cliente", ou de "dimensões sociológicas da satisfação do cliente"; tomando-se a variável "volume de vendas" e seguindo o mesmo raciocínio, teria-se como tema "resultados de estratégias de mercado", ou "influências na capacidade produtiva". O que é importante assinalar é que o tema é sempre algo mais amplo que a questão de pesquisa e sua escolha direciona à problemática que vai ser pesquisada em um determinado objeto (organização, grupo, comunidade etc.).

O assunto rege-se pelo mesmo princípio, com a única observação de que é algo mais amplo e complexo que o tema e o problema. As áreas especializadas já têm desenvolvido assuntos bem determinados para serem pesquisados, como "segmentação de mercado", "políticas de dividendos", "recrutamento de pessoal", "capacidade produtiva", "formalização" etc.

Nunca é demais observar a natureza das variáveis, sua preposição,[2] e se essas variáveis já estão ligadas diretamente ao assunto principal. Por exemplo, o "volume de vendas". Nesse caso, "vendas" é o assunto principal, enquanto o "volume" denota uma restrição, uma delimitação. Simplificando, as variáveis com preposição não apresentam maiores problemas para a determinação do tema e do assunto. O exemplo a seguir é ilustrativo do que se propõe:

- Problema: "Qual é a relação entre satisfação do cliente (V1) e volume de vendas da empresa Alfa (V2)?"

- Suposição: Existe uma relação direta entre as variáveis V1 e V2.

- Forma de interpretação: A "satisfação do cliente" interfere no "volume de vendas".

- Variável dependente (VD): volume de vendas.

---

[2] Essa é uma denominação simples que utilizamos para efeitos compreensivos, principalmente para diferenciar variáveis sem preposição (por exemplo, complexidade, tamanho, tecnologia etc.) daquelas com preposição (volume **de** vendas, satisfação **de** clientes, capacidade **de** produção etc.).

- Variável independente (VI): satisfação do cliente.
- Tema: Fatores que interferem no volume de vendas.
- Assunto: Vendas.

2.4.1 Identificando as variáveis de um problema de pesquisa

Como um problema bem definido contém pelo menos uma variável, é fundamental que algumas informações sejam apresentadas. Quando um problema de pesquisa contém apenas uma variável, geralmente é um problema que busca melhor compreensão, ou seja, ele aponta para pesquisas exploratórias. Como se conhece esse tipo de pergunta? Da seguinte forma: "Quais são os principais fatores explicativos da rotatividade de pessoal?", "Quais são as modalidades de metodologia de condução de planejamento estratégico?", "Qual é a amplitude e a profundidade explicativa das pesquisas de mercado?". As variáveis dessas perguntas ("rotatividade de pessoal", "metodologia" e "pesquisa de mercado") exigem explicações mais detalhadas em termos de "principais fatores", "modalidades" e "amplitude e profundidade", respectivamente.

No caso de perguntas que envolvem duas ou mais variáveis, já há algo de mais refinado, objetivos mais precisos, claros, em termos de aplicabilidade das explicações desejadas. Por exemplo: "Quais são as formas de *redução de custos* via *introdução de novas tecnologias* de produção?", "Como a introdução de sistemas de *remuneração por produção* afeta a *produtividade* da empresa Moju?", "Qual é a relação entre *formalização* e a *criatividade* no setor de produção da empresa Cametá?".

Nos exemplos anteriores, as perguntas envolvem, de certa forma, uma afirmativa. Ou seja, todas elas, que envolvem duas ou mais variáveis, já contêm, implicitamente, uma hipótese[3] subjacente. Na primeira pergunta, admite-se que a introdução de

---

[3] Mais uma vez, vale deixar clara a noção denotativa de hipótese como "explicação provisória".

novas tecnologias tem probabilidade de reduzir custos; na segunda, que a introdução de sistemas de remuneração por produção afeta, de alguma forma, a produtividade; já a terceira, que existe uma forma de relação entre formalização e criatividade. Em ciência deve-se atentar, meticulosamente, para o sentido pragmático e semântico das sentenças, das afirmativas etc.

Antes de fazer os exercícios de raciocínio descritos nesses exemplos, é prudente realizar leituras de obras sobre o tema escolhido (literatura). Para que no estágio de levantamento da literatura sobre o tema/assunto que se quer pesquisar seja mais proveitoso, é útil seguir alguns procedimentos: (a) consultar as obras de referência sobre o assunto e o tema, identificando os principais autores; (b) elaborar um sistema de codificação de leitura (para a elaboração de resumos); (c) identificação dos periódicos especializados sobre o tema/assunto, pois neles encontram-se as pesquisas mais recentes; (d) preparação do esquema interpretativo para a identificação do que cada obra se propôs a responder (que pergunta foi respondida na obra?); (e) elaborar as primeiras questões de pesquisa de origem bibliográfica; (f) comparar conteúdos bibliográficos (conceitos etc.) com o objeto a ser pesquisado, para auxiliar na elaboração de questões de pesquisa.

Esta fase é preparatória para a etapa seguinte, que é a de coleta de dados propriamente dita. As obras de referência são dicionários técnicos, enciclopédias e artigos, principalmente, que explicam com relativa profundidade e historicidade o assunto e seus principais temas. Toda ciência constituída (isto é, que tenha corpo teórico e metodologia próprios) tem um dicionário (como, por exemplo, Sociologia, Economia, Filosofia etc.). Consultar essas obras deve ser o primeiro passo, quando não se tem a noção exata do que se quer.

Identificados os principais autores e obras, o segundo passo é saber quais bibliotecas disponibilizam as obras ou quais as bases de texto podem ser acessadas para uma busca por artigos sobre o tema. Deve-se fazer um levantamento em cada fonte bibliográfica e organizar a busca (por autores ou por assuntos e temas).

Quando iniciar a busca em base de artigos, use palavras-chave, faça um arquivo com os resumos e identificação da obra completa e só depois faça a leitura dos resumos para selecionar os artigos mais importantes.

Assim, as definições conceituais e a operacionalização das principais variáveis do assunto e do tema, além das variáveis que integram o problema de pesquisa, são obtidas no processo de leitura e interpretação. O propósito do exemplo do Quadro 2.1 é o de mostrar a relação entre as variáveis presentes no tema, no problema e no título e, principalmente, que fique claro que o tema é geral e, quanto mais o for, mais amplo será o problema. Este é resultado do tema. O título é uma espécie de "rótulo do produto", que é o trabalho, o qual deve refletir seu conteúdo.

Figura 2.1 – Análise da problemática e construção da pergunta de pesquisa

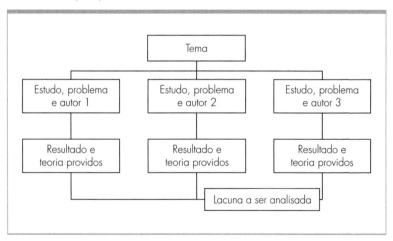

Fonte: Os autores.

Quadro 2.1 – Exemplo de tema, problema de pesquisa e título

Tema	Questão de pesquisa	Título
O desenvolvimento socioeconômico amazônico	Quais são os principais fatores que contribuem para o desenvolvimento socioeconômico amazônico a partir de investimentos privados no setor mineral?	**O investimento privado e seu papel no desenvolvimento socioeconômico amazônico**: evidências a partir do setor mineral de Parauapebas-PA (1990-2010)
Aspectos motivacionais dos estilos gerenciais	Quais são as diferenças significativas na motivação a partir dos estilos gerenciais em empresas comerciais de Bragança-PA?	**Motivados pelo gerente**: estilos de liderança em empresas comerciais de Bragança-PA
A influência do carisma no sucesso empresarial	De que maneira o carisma de gerentes influencia o desempenho empresarial no setor de varejo em Santarém-PA?	**Os efeitos do carisma nos resultados empresariais**: evidências das empresas do setor varejista de Santarém-PA

Fonte: Adaptado de Farias Filho (2009, p. 67).

2.5 Determinação dos objetivos gerais e específicos

O objetivo pode ser desmembrado em geral e específicos. O geral trata do lugar, estágio a ser alcançado com a pesquisa. Trata-se do propósito principal ao se desenvolver uma pesquisa. Nos específicos, deve-se mostrar o que se quer alcançar em cada propósito da pesquisa, para que, ao final, juntos cheguem ao objetivo geral. Para isso, os objetivos propõem: (a) mostrar o que se quer com a pesquisa; (b) buscar a relação com as questões de pesquisa; (c) indicar a resposta que interessa à pesquisa; (d) determinar a que lugar a pesquisa quer chegar; (e) especificar o que a pesquisa quer demonstrar, estudar, descobrir, avaliar, provar, alcançar, analisar, explicar, propor etc.

É importante verificar o verbo utilizado e o tipo de pesquisa que se quer desenvolver, para não cometer erros acidentais. Uma pesquisa exploratória não pode ter como objetivo *explicar* algo, porque uma exploração tem o caráter mais superficial e não permite explicar nada de forma mais profunda. Por isso, com pesquisas exploratórias, pretende-se *conhecer, estudar, descobrir* algo etc.

Para se construírem objetivos de pesquisa, são necessários alguns procedimentos, o que pode ser feito a partir da técnica de "inversão de termos". Veja um exemplo ilustrativo:

- Problema: "*Quais* são os principais impactos da redução dos impostos no volume de exportação de minérios da empresa Oriximiná?"

Pelo procedimento de inversão dos termos, temos como resultado:

- Objetivo: "*Identificar* os principais impactos da redução dos impostos no volume de exportações de minérios da empresa Oriximiná." A suposição inicial é a de que, se você quer saber quais os principais impactos da variável denominada de "redução dos impostos" sobre a outra, chamada de "volume de exportação de minérios", então você pretende, como objetivo, identificar, estudar, conhecer etc. os efeitos de uma variável sobre a outra. Você não quer explicar, nem experimentar.

Veja, então, que o verbo do objetivo deve ser apropriado ao tipo de pesquisa que se quer, e que a inversão é a forma mais prática e rápida para construir as perguntas de pesquisa. Note que

Orientações sobre projeto e procedimentos de pesquisa **23**

apenas se substituiu o pronome interrogativo pelo infinitivo do verbo "identificar" e foi adicionada a base do problema.

Inicialmente, em um problema de pesquisa, devem-se formular problemas e questões a serem respondidas durante a pesquisa. A partir daí, é muito simples transformar a pergunta em objetivo geral. Basta que seja eliminado o pronome interrogativo e colocado o verbo no infinitivo que melhor expresse a finalidade da investigação, ou seja, aonde se quer chegar, o que se pretende. No entanto, você pode fazer o inverso, isto é, partir do objetivo para elaborar a questão de pesquisa utilizando a mesma técnica de inversão.

O importante é o princípio de que não há problema sem variável. Se existe um problema, há uma variável problemática. A pesquisa, no fundo, é uma busca por explicação insuficiente ou inexistente acerca do comportamento de uma ou mais variáveis em um determinado objeto ou fenômeno.

Identificados o problema e o objetivo geral, devem ser trabalhados os objetivos específicos, uma vez que o objetivo geral não tem possibilidade de ser alcançado de outra forma que não seja pelos específicos. Para isso, deve-se assegurar a modalidade ou a forma de comportamento de cada variável envolvida nas causas reais identificadas a partir dos sintomas. Os objetivos específicos são guias para se chegar ao objetivo geral, pois servem de parâmetros. A cada etapa da pesquisa concluída é necessário verificar qual(is) objetivo(s) específico(s) foi(foram) alcançado(s).

Mais uma vez lembre-se da noção de partes e do todo, tratada anteriormente (item 2.1). Siga as mesmas orientações para a elaboração do objetivo geral, porém, agora, trabalhando com as variáveis específicas. O todo é o objetivo geral e suas partes são os objetivos específicos. Existe uma relação de complemento entre os dois tipos de objetivos.

O Quadro 2.2 mostra exemplos de problema e de objetivo. Tanto problema quanto objetivo e hipótese podem ser desdobrados em geral e em específicos. Esse é um recurso que se adota para facilitar a compreensão e melhor direcionar a pesquisa. O fato de se fazerem tais desdobramentos facilita a identificação das variáveis constantes nas questões de pesquisa e dos objetivos, como se mostra no Quadro 2.2. Nele estão descritos questões de pesquisa e objetivos. As partes destacadas são as que podem ser apenas invertidas. Pode-se transformar questões em objetivo e vice-versa.

Quadro 2.2 – Orientações para a transformação de problema em objetivo

Problemas	Objetivos
Problema 1. *Quais* as principais vantagens dos incentivos fiscais e seus efeitos multiplicadores de investimentos no setor calçadista de Castanhal-PA?	**Objetivo 1.** *Identificar* as principais vantagens dos incentivos fiscais e seus efeitos multiplicadores de investimentos no setor calçadista de Castanhal-PA.
Problema 2. *Quais* as principais estratégias de remuneração de vendedores adotadas pela empresa Afuá S.A. para aumentar as vendas no período do Círio?	**Objetivo 2.** *Identificar* as principais estratégias de remuneração de vendedores adotadas pela empresa Afuá S.A. para aumentar as vendas no período do Círio.
Problema 3. *Quais* as principais dificuldades de comunicação interna na empresa Guamá S.A.?	**Objetivo 3.** *Identificar* as principais dificuldades de comunicação interna na empresa Guamá S.A.

Fonte: Adaptado de Farias Filho (2009, p. 74).

2.6 Construção de hipóteses

Uma hipótese é um enunciado formal das relações esperadas entre, pelo menos, uma variável dependente e uma independente. É possível que, numa hipótese, estejam outras variáveis, como as intervenientes, por exemplo.

No decorrer da pesquisa, as hipóteses poderão ser confirmadas ou refutadas. Nos dois casos, os resultados são igualmente importantes. Deve-se considerar que as hipóteses são apenas uma visão, uma suposição que se tem do problema e se anuncia para facilitar a busca das reais causas e/ou consequências do problema. E essa busca será alcançada com a pesquisa definitiva.

Uma hipótese é uma suposição que se tem, quando se vão elaborar as questões. Você acredita que um problema está sendo causado pela manifestação de uma variável, ou que ele está causando um impacto em outra variável; então, parte dessa suposição, que acredita ser real, para elaborar uma frase que indique isso. Assim, uma hipótese é uma relação de causa-efeito identificada, provisoriamente, no objeto o qual você se propõe a estudar, pesquisar.

Muitas delas manifestam-se na seguinte relação: **Se → Então**. Se o evento *A* acontece, então acontece também o evento *B*. Para serem avaliadas, devem ser passíveis de operacionalização; verificar se são verdadeiras ou falsas; é necessário, como no exemplo anterior, saber como se constitui o evento *A* e como se constitui o evento *B*, como se manifestam e sob que condições. Nesse caso, ao final da pesquisa, você será capaz, diante dos resultados analisados, de afirmar se confirmou ou não suas hipóteses. Tanto um resultado (confirmar a hipótese) quanto outro (refutar a hipótese) são igualmente importantes.

Trata-se de uma resposta provisória e, enquanto provisória, precisa ser comparada à resposta definitiva. Esta só se terá quando concluir a pesquisa. Caso ela não confirme a hipótese, você deve indicar que ela não se confirmou e apontar os motivos, as evidências que levaram a acreditar que o enunciado provisório era realmente "verdadeiro", e por que você acreditou que ele pareceu assim.

Há vários tipos de raciocínio na construção de hipóteses. Aqui trabalhamos apenas com um deles. Há também um tipo de pesquisa que dispensa a elaboração de hipóteses, porque sua função é justamente a formulação de hipóteses. É a chamada *pesquisa exploratória.* As orientações para a elaboração de uma hipótese são:

a) formular, em forma de resposta ao problema, e ter caráter provisório;

b) procurar elaborar um enunciado que permita a verificação (por ser uma resposta provisória);

c) deixar claro (escrito) as mesmas variáveis que constam nas questões e nos objetivos. Uma hipótese é construída por meio de um raciocínio com enunciados preliminares (premissas) para sua compreensão;

d) por se tratar de uma resposta, precisa de complemento (fato/fenômeno = relação de causa-efeito), já que se trata de um fato a ser observado, pesquisado;

e) só é obrigatória quando não se tratar de pesquisa exploratória. Mas, em pesquisa exploratória, é possível levantarem-se hipóteses com base na literatura ou na teoria, ou seja, quando o objeto for desconhecido mas a literatura sobre o tema tiver já tratado de objetos similares, ou utilizarem-se os comunicados gerais de uma teoria. Nesse caso, as variáveis serão elaboradas com base na literatura que trata do tema ou na teoria que embasa ou embasará a pesquisa.

Veja, então, que não se podem elaborar hipóteses empíricas (baseadas no objeto) quando se tratar de pesquisas exploratórias, justamente porque todo objeto sob exploração ainda é desconhecido; assim, você não fará suposições claras sobre o que não conhece (pelo menos de forma coerente). Se não conhece o objeto e quer conhecer, a partir de uma pesquisa ainda pouco profunda, já que seu objetivo é conhecer, estudar, verificar a manifestação de uma ou mais variáveis etc., então não é obrigado a lançar suposições (hipóteses). Ao contrário, sua pesquisa ajudará a construir hipóteses coerentes, pois essa é a função da pesquisa do tipo exploratório.

Na elaboração das hipóteses, o raciocínio é o mesmo do problema, das questões e dos objetivos, isto é, com apresentação da hipótese geral e das específicas. Isso facilita o desenvolvimento da pesquisa, porque a hipótese serve como uma espécie de "guia" para o pesquisador verificar se o caminho (procedimento) adotado para a pesquisa é o mais adequado para verificar se as hipóteses são falsas ou não.

Na formulação da hipótese, é necessário apresentar os motivos da ocorrência do problema de pesquisa (daí surge a pergunta), pois a hipótese trata de uma resposta provisória e que será verificada com os resultados, ao final da pesquisa.

Assim, as respostas dos problemas e as questões serão descobertas com a pesquisa. Portanto, depois de realizada a pesquisa e de seus resultados serem analisados, as respostas definitivas aparecerão. Nesse momento, será possível verificar se as hipóteses foram confirmadas ou não. Portanto, para cada questão (pergunta) formulada haverá uma resposta (hipótese). E cada problema deve gerar um objetivo correspondente, ou seja, o que se quer alcançar com uma resposta final, o que se pretende como resposta(s) da(s) questão(ões) de pesquisa.

A Figura 2.2 sobre preço apresenta um exemplo de construção de uma ou mais hipóteses sobre um determinado contexto. Como qualquer literatura, o preço é visto na parte de marketing como uma variável móvel que possui ambientações diferenciadas e logicamente teorias diferenciadas como estudos sobre preço justo, preço de referência, valor do julgamento e outros, onde a teorias são dispostas e desenvolvidas individualmente de forma a possuir diversos grupos que são especialistas em pontos específicos do marketing. Após escolhido um foco detalhado do que se pretende avaliar, um grupo de estudos sobre a mesma temática deve ser avaliado, estudado e interpretado para se desenvolverem as construções previamente descritas na teoria como forma de base do desenvolvimento.

Figura 2.2 – Construção das hipóteses pelo arranjo das literaturas

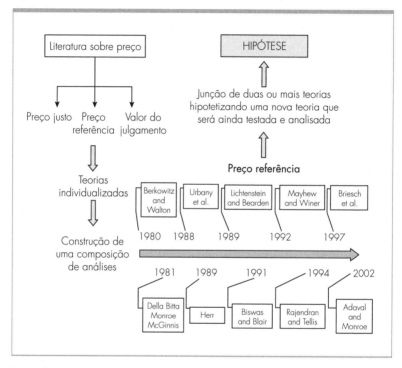

Fonte: Os autores.

Todas as análises desenvolvidas apresentarão literaturas diversificadas, que devem ser avaliadas desde a construção inicial até o mais recente estudo que demonstre continuidade da primeira versão, mas com alguma individualidade do contexto pesquisado. Neste momento, um histórico de estudos apresentados de forma longitudinal vem consolidando o caminho que as pesquisas traçaram para poder-se estruturar que pontos não estão claros, são diferentes ou possuem ambientações modificadas. Logo, parte-se para a construção das hipóteses que devem ser propostas mediante o confronto de duas ou mais teorias que, colocadas de forma conjunta, ou seja, analisadas sobre duas ou mais perspectivas, propõem uma nova teoria, contexto, confronto ou análise, que só servirá como nova teoria após ser testada, avaliada e comprovada por algum dado empírico.

A Figura 2.3 descreve todo o processo de desenvolvimento da construção do artigo científico, assim como da pesquisa científica, demonstrando cada passo e cada conteúdo a ser disposto para melhor compreender o objetivo, importância e procedimento adequado, para desenvolver um estudo da ciência atualizada. A construção das hipóteses, como anteriormente apresentadas, pode ou não ser realizada, pois um determinado autor pode possuir um problema conceituado com base em uma conjuntura de relações, sendo que estas são pertinentes a um conjunto de análises, não devendo apresentar algumas poucas hipóteses para fundamentar todo um questionamento provido de uma ação maior.

Figura 2.3 – *Construção da pesquisa científica e do artigo científico*

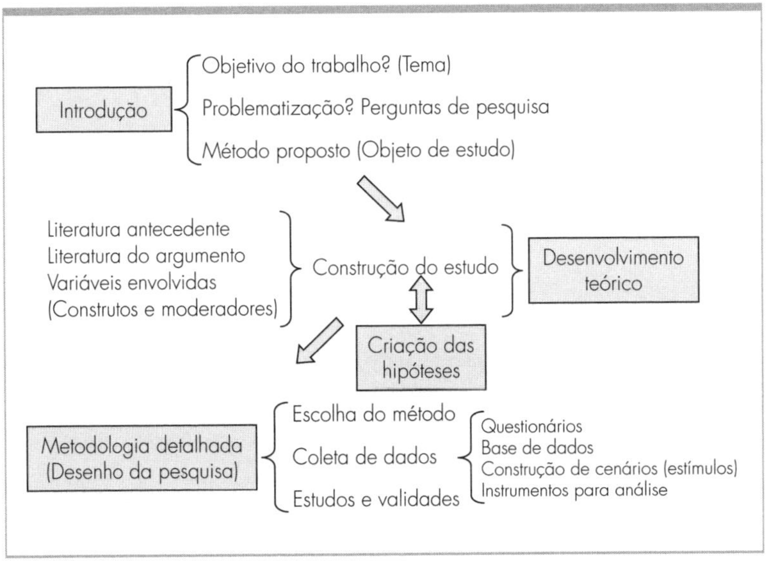

Fonte: Os autores.

Quando existe uma necessidade específica de responder exatamente uma análise direta de influência, como fatores influenciando outros fatores, ou teorias modificando outras teorias, essas hipóteses são convenientes e importantes, mas, quando a pesquisa possui um problema amplo composto de diversas variáveis e contextos aprofundados a serem explicados, não existe uma explicação pontual, logo, não é comum utilizar muitas hipóteses para explicar diversos contextos.

# 3

Justificativa, revisão da literatura e referencial teórico

Esta parte do projeto é dedicada aos que pretendem escrever com clareza, objetividade e se preocupando com o leitor de seu projeto. O objetivo aqui é deixar claro, para quem elabora um projeto de pesquisa, que não se trata de uma mera formalidade, e sim de uma "agenda" de atividades e também uma forma de expressar o raciocínio analítico contido na proposta de investigação científica.

Ao se justificar uma pesquisa o que se busca é mostrar a importância, viabilidade e os ganhos que os resultados da pesquisa poderão apresentar. Para isso, a busca por outras pesquisas é fundamental. Nessa busca se recorre a outros trabalhos publicados como resultados de pesquisas. Os periódicos científicos são o que há de mais atualizado sobre pesquisas científicas concluídas e também as que estão em andamento, assim como os trabalhos apresentados nos eventos científicos. Neles é possível ver as abordagens trabalhadas, as teorias que embasaram tais estudos, as metodologias usadas e os procedimentos de pesquisa. Por isso, esta parte do projeto deve ser escrita como resultado de leituras feitas.

3.1 Elaborando a justificativa

Para elaborar a justificativa de uma pesquisa em um projeto, é importante pensar nos motivos principais que levaram o autor a propor tal pesquisa, para que o leitor do projeto compreenda a importância do desenvolvimento da pesquisa e a que o autor do projeto propõe-se.

Toda pesquisa é importante, e seus pontos fortes estão em qualquer parte que se queira ver, mas só o pesquisador (proponente do projeto de pesquisa) é quem sabe realmente valorizar a pesquisa, mostrar suas relevâncias. Ele é quem sabe indicar os pontos em que haverá avanços na área que está se propondo a estudar. Para isso, deve mostrar para o leitor, em seu projeto, se a pesquisa realmente é importante para ser desenvolvida, patrocinada, incentivada etc. Nesse caso, ele deverá deixar isso muito claro.

O autor do projeto elabora uma redação curta, objetiva e direta respondendo a essas questões, de preferência demonstrando com dados e informações prévias sobre o tema e objeto, para que consiga construir argumentos coerentes e consistentes para cada resposta. Para isso, é importante já apresentar informações coletadas na literatura sobre o assunto, mostrando o atual quadro de pesquisas recentes sobre o tema. Os periódicos científicos e os eventos têm a finalidade de divulgar pesquisas recentes, então uma busca nos principais trabalhos sobre o tema ajudará a construir justificativas. A seguir, apresentaremos sete perguntas que se fazem para um pesquisador, quando ele se propõe a desenvolver uma pesquisa.

- Por que foi escolhido o tema em questão?
- Quais são os benefícios que advirão do estudo ou eventual solução do problema, ou contribuição para o objeto investigado?

Justificativa, revisão da literatura e referencial teórico **33**

- Quais ou quem são os eventuais beneficiários com os resultados da pesquisa?
- Qual a relevância acadêmica da pesquisa e sua contribuição para a ciência?
- O que a pesquisa irá cobrir e o que não irá cobrir, ou seja, qual a sua abrangência?
- Quais são os limites da pesquisa e por que há tais limites, isto é, do que ela não dará conta?
- Que avanços os resultados da pesquisa trarão para a literatura sobre o tema?

3.2 Revisão de literatura ou "estado da arte"

Diferentemente das etapas anteriores, este estágio exige que se consulte o conhecimento disponível em livros, revistas científicas, trabalhos apresentados em eventos, além de outras informações disponíveis sobre o tema. É o que se chama de *levantamento bibliográfico*. Para isso, deve-se procurar responder à seguinte pergunta: "O que é este fenômeno que pretendo pesquisar?". Por exemplo, se suas variáveis são "Estratégias" e "Competitividade", deve procurar respostas em livros e revistas para as seguintes perguntas: "O que são estratégias?" e "O que é competitividade?".

A razão é simples: todo estudante deve saber com exatidão o que está estudando. As definições conceituais serão úteis a ele, porque demarcarão o escopo e a amplitude do fenômeno. A finalidade dessa primeira pesquisa é ampliar seu conhecimento sobre o que são o fenômeno e suas propriedades, seus elementos componentes.

Um conceito é algo que não pode ser visto, percebido, tocado diretamente. Mas todo conceito tem formas de manifestações empíricas que, aferidas e tratadas adequadamente, permitem que o pesquisador formule explicações pertinentes sobre o fenômeno em estudo.

O que se pretende mostrar é, nessa primeira etapa, que o estudante tenha a noção exata do que está sendo estudado. Para isso, deve formular a definição conceitual que norteará todo o trabalho, mesmo que tome a decisão de usar um conceito de outro autor. A fase do "estado da arte" deve ser relatada em forma de discussão sobre os elementos integrantes das definições da literatura analisada. Nessa definição, serão apontados os elementos que nortearão a sequência do "estado da arte" ou "balanço da literatura", que deve ser apresentado.

Não tem sentido, na fundamentação teórica, relatar inúmeros trabalhos e frases de autores. A finalidade da fundamentação teórica é mostrar que pesquisas e/ou trabalhos anteriores apresentam uma lógica que confirma a necessidade de busca de resposta à pergunta que o estudante formulou. A discussão da literatura deve ser convergente. As citações têm a finalidade de confirmar a lógica que se quer comprovar empiricamente. Não se fazem citações soltas, sem função no texto.

Aqui, cada variável deve ser trabalhada especificamente. As pesquisas anteriores e as teorias apresentadas devem confirmar a lógica que se quer constatar na prática. Três aspectos devem, se possível, ser trabalhados: (a) explicar o que provoca mudanças no comportamento de cada variável a ser estudada; (b) detalhar o método utilizado nas investigações; (c) apontar os resultados a que chegaram os estudos apresentados. Consequentemente, é esse o conteúdo do "resumo" de leitura, na etapa de revisão da literatura.

Com base na literatura, o estudante saberá quais são os elementos constituintes de cada variável, de cada conceito principal (aqueles que fazem parte do problema de pesquisa). Sua tarefa é saber o que quer deles. A razão é a seguinte: imagine a variável "tamanho" como central na pesquisa a ser desenvolvida. A literatura indica a possibilidade de sua operacionalização em termos de "quantidade de pessoas" que fazem parte da organização. Consequentemente, quanto maior a quantidade, maior será uma organização. Da mesma forma, em relação à variável "complexidade", a literatura indica a possibilidade de operacionalização enquanto "número de relações" possíveis entre cada membro com os demais de uma organização. Assim, quanto mais pessoas houver numa organização, mais complexa ela vai ser, ou seja, maior o número de relações possíveis entre elas.

A falta de compreensão em perceber um encadeamento lógico entre a pergunta de pesquisa ou hipótese e a fundamentação teórica é uma das principais dificuldades de entendimento da função da teoria numa pesquisa. Muitos estudantes têm, inclusive, afirmado ser algo desnecessário, inócuo, que não acrescenta nada àquilo que efetivamente querem e desejam desenvolver, ou seja, que nada contribui às respostas que vão ser obtidas quando da apresentação do resultado final. Essas afirmativas comprovam a falta de compreensão do papel da fundamentação teórica para a ciência.

Afinal, o que é fundamentação teórica? Primeiramente, é importante que se tenha uma compreensão do que seja teoria. Em termos compreensivos (e para fugir a qualquer reflexão epistêmica aprofundada), teoria é sinônimo de explicação. Como consequência, teoria científica é um tipo de explicação especial, própria da ciência. Evidentemente que essa é uma explicação revestida de toda uma série de exigências, ditadas pela comunidade científica. Quaisquer que sejam as consequências interpretativas. Contudo, fundamentação teórica significa explicação com fundamentos em outros estudos de pesquisadores experientes que buscaram explicações gerais (sujeitas a crítica) para explicar situações particulares. Assim, toda pergunta de pesquisa, todo problema tem como ponto de partida para a busca de respostas uma teoria. Então, a fundamentação teórica é um exercício de análise dessas respostas fundamentada.

A distinção objetiva do que seja revisão da literatura e teoria é mais formal, já que a literatura sobre o tema é um conjunto de trabalhos sobre o tema. Esses trabalhos, quando são baseados numa teoria geral, são trabalhos científicos, pois obedecem aos requisitos da comunidade científica, ou seja, seguem os padrões de cientificidade. Ao serem usados para explicar a parte do projeto que mostra a evolução dos estudos sobre o assunto ou tema que se quer mostrar, as obras que foram lidas (artigos, livros que são resultados de pesquisa, trabalhos apresentados em eventos e outros textos, que não são científicos, mas que trarão alguma contribuição para a pesquisa que está se propondo a fazer), deverão ser expostos de forma didática, apresentando uma sequência lógica de uma redação científica, com argumentos que mostrem a evolução das pesquisas, as informações sobre o tema, as metodologias mais usadas, os resultados que mais estão direcionados para a pesquisa que se propõe e outras informações adicionais que servirão para auxiliar o leitor a compreender o que se pretende pesquisar.

A finalidade dos trabalhos sobre o tema, em especial os mais recentes e publicados em veículos de comunicação científica consagrados pela comunidade científica, é a de demonstrar o que está se pesquisando sobre o tema, demonstrar as lacunas (o que não se está pesquisando) e, a partir das lacunas, propor estudos sistemáticos para buscar responder questões de sua pesquisa. Também ajudará o pesquisador a se atualizar sobre determinado tema, por três motivos:

a) verificar se o que está propondo já foi pesquisado e publicado por alguém, para que aprenda como fazer uma nova pesquisa, com um novo problema e buscar novas respostas;

b) para que consulte novas abordagens sobre o tema que se propõe a pesquisar, atualizando-se de novas metodologias, teorias de suporte analítico;

c) para que demonstre que fez um levantamento bibliográfico capaz de dar conta de uma pesquisa, verificando se é possível traçar um panorama geral (como mostra a Figura 3.1) do tema, o que ajudará a compreender melhor o que está iniciando a pesquisar.

Justificativa, revisão da literatura e referencial teórico 37

Figura 3.1 – Modelo demográfico por árvores para estudos anteriores

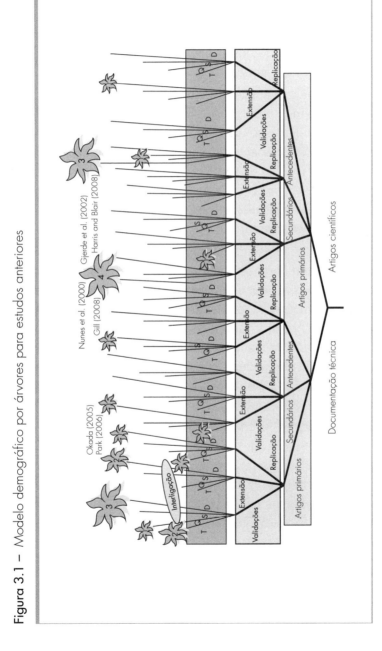

Fonte: Os autores.

Ao contrário, a teoria, que é mais geral, não está narrando pesquisas e dados de pesquisa. A teoria, embora tenha sua origem em determinada empiria (em fenômenos reais), é comumente apresentada de forma mais ampla e geral. Não expõe os fatos de forma detalhada como nos artigos e outros trabalhos científicos (dissertações e teses, por exemplo).

Uma forma adequada de objetivar o estudo é buscar na literatura conteúdos teóricos antecedentes ao objetivo proposto (pesquisas que demonstrem dados e ambientes previamente analisados por diferentes autores), depois complementar o que se deseja realizar (teorias de variáveis ou fatores que tangem a fronteira das variáveis principais estudadas), e finalizar por literaturas das variáveis mediadoras (fatores que constroem o cenário e o objeto a ser pesquisado).

A Figura 3.1 apresenta um modelo demográfico por árvores para estudos anteriores, apresentando as divisões do estudo com pesquisas primárias, secundárias e antecedentes, depois apresentando as validações, extensões e replicações e finalizando-se a subdivisão por tipos de pesquisas como teóricas, quantitativas, qualitativas, dados secundários etc. Essas divisões não são especificamente fixas, pois podem ser criadas outras formas de acordo com a área e os modelos de estudo apresentados, porém descrevem de forma organizada como os estudos se associam ou interligam com outras literaturas.

Pode-se perceber que, na Figura 3.1, a separação dos autores ajuda a identificar que contribuição teórica e que empiria cada artigo pode produzir, de forma a construir a análise necessária para desenvolvimento das hipóteses da pesquisa atual. Os artigos primários são aqueles relacionados diretamente ao argumento estudado. Os artigos secundários permeiam outras teorias que explicam variáveis e ambientes do ponto de vista mais amplo e na fronteira, podendo demonstrar o que outros autores desenvolveram e que caminhos futuros o trabalho também poderá seguir. Os antecedentes são estudos gerais que trataram anteriormente o assunto e argumento central, o que foi desenvolvido e discutido na academia ou mercado.

As validações são testes de teorias ou modelos previamente propostos, nos quais o autor atual utiliza o mesmo material proposto anteriormente para verificar se do seu ponto de vista ou em outra perspectiva isso é válido de forma ampla. Os estudos de extensão apresentam continuidades de estudos anteriores, onde o autor busca contribuir com algum novo fator ao modelo anterior, ou ainda uma modificação da estrutura anteriormente discutida. Os estudos de replicação utilizam o mesmo modelo e o aplicam a um novo objeto ou ambiente para comparar o resultado e propor a análise para um novo cenário.

Os tipos de pesquisa sobre o procedimento de coleta, sendo estudos teóricos, quantitativos, qualitativos etc., serão posteriormente discutidos no Capítulo 4. Com isso, o importante para a figura é apresentar que tipos de estudo se interligam e constroem novas propostas ou descrevem inter-relações teóricas e práticas. Da construção de uma boa revisão da literatura podem-se, com duas ou mais teorias, criar as hipóteses que o projeto planeja testar.

Todo texto acadêmico ou não acadêmico que trata do tema a ser pesquisado é considerado *literatura*, e sobre o tema o autor do projeto deve ter certo conhecimento a partir da leitura. Dessa forma, o texto da revisão da literatura para um projeto deve:

- apresentar uma introdução que faça uma definição (sequência de argumentação);
- dispor uma sequência de títulos e subtítulos que represente a importância relativa que têm os tópicos principais e secundários – de forma lógica, quando o texto for mais extenso;
- a cada seção principal (quando o texto for dividido), ter um parágrafo com a função de uma introdução;
- por ser um texto científico, apresentar uma conclusão do que foi tratado;

- mostrar claramente nos parágrafos a relação entre a pesquisa passada e a mais recente, para que os avanços encontrados na produção científica sobre o tema fiquem evidentes;
- apresentar as fontes mais relevantes que dão sustentação ao problema da pesquisa;
- fazer sentido e ter relação direta com o problema (apresentar variáveis e conceitos que serão utilizados na pesquisa);
- provocar o leitor a querer ler atentamente, de forma que ele queira aprender mais sobre o tema.

Quando se iniciam as leituras para verificar como o tema em estudo está sendo tratado pela literatura acadêmica, é o momento em que se passa a verificar quais as principais teorias tratadas dentro de um determinado assunto que se quer pesquisar.

O trecho na caixa de texto a seguir é um exemplo que demonstra, para a área de marketing, como se constrói uma hipótese teórica.

Segundo Harris e Blair (2006), os consumidores sentem-se mais seguros com equipamentos integrados do que com separados. A incerteza do conhecimento do produto é igual à dificuldade de autopredição de utilização (uso); assim, os consumidores que não possuem uma concepção anterior sobre usos das tecnologias (NUNES, 2000) não podem estimar sua vida com serviços pagos pelo uso ou, pensando de maneira diferente, pagos por tipo de serviço. Os consumidores preferem possuir os produtos integrados, acreditando que, pela convergência, seu custo seja menor. Dessa maneira, fica mais difícil calcular se todos os serviços integrados são úteis ou não, pois, como afirma Nunes (2000), as pessoas esperam que seu uso aumente, simplesmente porque desejam isso.

> Somando as duas teorias citadas e complementando-as, o estudo tem por base que os consumidores também não estão aptos a reconhecer suas experiências de consumo, confundindo familiaridade com conhecimento do produto (HOCK, 2002). Assim, preferem produtos integrados não importando se existem ou não esses mesmos produtos na forma individual com maior qualidade. Os consumidores justificam, agora, o desejo de possuir um produto integrado por acreditarem no aumento do uso do serviço após a compra. Dessa maneira, apresenta-se a primeira hipótese.
>
> **Hipótese 1** — Produtos tecnológicos integrados possuem uma característica social utilitária, identificando que tanto o fator diversão quanto o utilitário estão fortemente presentes em conjunto para uma decisão, influenciando dessa forma, positivamente, o crescimento da intenção, o comportamento e a utilidade percebida (ARRUDA FILHO, 2008).

Utilizando o Quadro 3.1 como referência, cada pesquisador pode construir uma base de controle para seus estudos, que suportará e garantirá a construção de hipóteses para a sua pesquisa. Os indicadores demonstram o argumento que discute e trata a pesquisa analisada. As variáveis principais medidas devem ser descritas para entender que fatores explicam o estudo. E para cada indicador e relação de variáveis, os autores que discutem e apresentam pesquisas na área são listados para organizar-se onde buscar conteúdo teórico para construir as hipóteses e norteamento da pesquisa.

Quadro 3.1 – Construção do estudo baseado na literatura (problema da pesquisa)

Indicadores	Variáveis	Estudos Principais
	Homogeneidade percebida do consumidor a um nível de categoria conjunta, conceito de marca, atributos específicos	Romeo (1991); Loken e John (1993); Milberg et al. (1997); Park et al. (1993); Gürhan-Canli e Mahesvaran (1998); John, Loker e Joiner (1998); Martinez e Pina (2003); Diamantopoulos, Smith e Grime (2005); Thorbjornsen (2005)
Indicadores orientados ao consumidor	Experiência positiva/negativa com a extensão	Sheinin (2000); Chang (2002)
(Complexidade, reconhecimento, personalidade, categorização)	Exposição a extensão e a publicidade	Morrin (1999); Supphellen et al. (2004)
	Ênfase sobre os atributos favoráveis da extensão	Van Osselaer e Alba (2003)
	História das extensões precedentes	Keller e Aaker (1992); Swaminathan (2003)
	Interação com o competidor; possibilidade de contraextensão	Kumar (2005)
Performance de mercado/Cota de mercado	Grau de satisfação do primeiro teste do novo produto	Swaminathan et al. (2001)

Fonte: Os autores.

3.3 Referencial teórico ou a teoria de base analítica

O papel da fundamentação teórica é responder à pergunta formulada ou tentar responder, pelo menos em algumas questões de pesquisa, ainda que provisoriamente. Isso gera expressões de surpresa e afirmativas da seguinte forma: "Se posso responder à pergunta em termos teóricos, por que tenho que ir a campo buscar dados para chegar àquilo que a teoria já me deu como resposta?" São inúmeras as razões. A primeira, e mais forte, é: "Quem garante que as respostas da teoria ainda são válidas para o objeto a ser pesquisado?" Nunca se deve esquecer que a ciência lida com explicações que, a todo o momento, sofrem pequenas alterações, até acontecer o que Kuhn (2003) chama de "revolução", ou seja, uma modificação completa e, muitas vezes, radical dos alcances e da profundidade explicativa da teoria. Responder à pergunta teórica é praticamente prevenir-se contra essas "sutilezas" do fenômeno, da realidade.

Uma teoria lança conceitos que são validados pelas pesquisas que os utilizam como fundamento analítico. Uma teoria é a base analítica dos dados encontrados pela pesquisa empírica. Em segundo lugar, é importante compreender que nenhuma teoria é capaz de explicar, dar respostas completas para todos os problemas de pesquisa formulados. A realidade é sempre mais rica e cheia de surpresas do que podem explicar nossas teorias.

Assim, diz-se que uma teoria nunca é definitiva: (a) porque está sempre sendo modificada; (b) porque toda e qualquer explicação sempre está relacionada ao passado; (c) por ser sempre limitada em sua amplitude e em profundidade; (d) porque não abarca todos os meandros da realidade complexa; (e) porque, na maioria das vezes, a teoria tem sua origem em uma realidade empírica diferente daquela que se pretende pesquisar.

Aceitar uma teoria de pronto é desconhecer esses meandros. Cada teoria, paradoxalmente, deve ser vista com cautela e como um porto seguro. Com cautela, devido às razões expostas, por estar sempre incompleta; como um porto seguro, porque, na falta de algo mais orientador, mais palpável, fica-se sempre com o mais seguro. Isso posto, é necessário que seja mostrada uma forma de condução de práticas de fundamentação teórica. Essa prática envolve, basicamente, as seguintes fases:

a) identificação das variáveis que fazem parte do problema;

b) levantamento bibliográfico, procurando-se conhecer melhor o assunto, o tema, as variáveis e seus componentes;

c) definição conceitual e também operacional das principais variáveis do assunto e do tema, assim como das variáveis e de seus componentes que integram o problema de pesquisa;

d) análise comparativa das diversas visões de autores sobre as principais variáveis do assunto e do tema, assim como das variáveis e de seus componentes que integram o problema;

e) elaboração de um *paper* de uma página, respondendo as perguntas com a seguinte estrutura: "Qual é a relação entre minha pergunta de pesquisa e o comportamento do meu assunto?"; "Qual é a relação da resposta obtida com a possível realidade do meu objeto de pesquisa?";

f) nesse *paper*, devem estar bem claros: (1) a resposta direta à pergunta, (2) os principais argumentos que sustentam a resposta obtida, (3) a conclusão, fazendo ligação entre a resposta obtida e aquela passível de ser obtida na análise da empresa;

g) identificação da amplitude da resposta obtida;

h) identificação dos argumentos e de seus núcleos de apoio;

i) transformação dos núcleos de apoio em título e busca da resposta à seguinte pergunta, argumento por argumento: "Com base em que eu afirmo isso?";

j) formulação de perguntas direcionadoras ou explicações provisórias sobre a pergunta, em termos teóricos e/ou práticos.

A teoria, segundo Cooper e Schindler (2003, p. 60-61), é um conjunto de conceitos, definições e proposições sistematicamente inter-relacionados, que antecipo para explicar e prever fenômenos (fatos). Assim, ela tem que se adaptar à situação para a qual está sendo requerida no sentido de dar explicações e fazer previsões.

Já um modelo é a representação de um sistema construído para estudar algum aspecto desse sistema ou ele todo. O modelo é diferente da teoria, porque o modelo deve fazer a representação; e a teoria, a explicação. Mas o modelo é proveniente da teoria. Ele é usado para aplicar em um processo, estrutura, função de um objeto. Portanto, é uma projeção de uma coisa na outra.

Para compreender uma teoria é necessário considerar que cada assunto e cada tema estão estruturados em torno de variáveis centrais. Não há qualquer possibilidade de alguma afirmativa sobre um determinado assunto, área ou tema que não leve em consideração essa estrutura teórica. Por exemplo, imagine que a estrutura da administração financeira esteja assentada sobre as variáveis: *risco, tempo de retorno, montante de retorno* e *investimento*. Suponha, agora, que a lógica estrutural das finanças seja a seguinte: "Para qualquer *investimento*, o ideal é aquele que apresentasse o menor *risco*, com o menor *tempo de retorno* e com o maior *montante de retorno* possível." Qualquer afirmativa sobre gestão financeira, portanto, que contrariasse essa lógica não seria digna de consideração. Assim, identificar essas estruturas fundamentais deve ser o primeiro passo para uma adequada fundamentação teórica. De forma estrutural, uma teoria divide-se em três partes: categorias de análise, conceitos e variáveis. A Figura 3.2 mostra como essa estrutura de forma ilustrativa.

Figura 3.2 – Elementos formadores da teoria

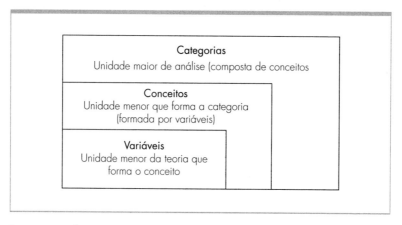

Fonte: Farias Filho (2009, p. 86).

Uma teoria é um conjunto de partes (categorias, conceitos e variáveis). É elaborada com enunciados gerais e aplicabilidade mais ampla. Diferente da literatura sobre o tema, a teoria trata de análises gerais, "leis" gerais que buscam explicar fenômenos amplos, e não casos específicos (literatura). Uma teoria se destaca pelos conceitos que é capaz de gerar e aplicar em determinados estudos específicos. O conceito é algo mais geral e de maior conhecimento dos iniciantes. Tratando de conceito, Cooper e Schindler (2003, p. 52) defendem que "é um conjunto geralmente aceito de significados ou características (variáveis) associados com certos fatos, objetos, condições, situações e comportamentos".

Para efeito de pesquisa, um conceito deve permitir ser operacionalizado, ou seja, deve ser passível de observação e construído a partir de seus elementos formadores (as variáveis). Os conceitos são enunciados testados, verificados, operacionalizados pelo pesquisador a partir de construtos por ele enunciados ou são retirados de uma teoria para serem aplicados em um determinado objeto estudado.

Já o construto é um conceito formado por um conjunto de variáveis que gerem a dimensão do conteúdo mensurado capaz de ser aplicado ao objeto. Essa não é uma tarefa fácil para os iniciantes, pois o fato de simplesmente ser operacionalizado não dá ao construto a condição de conceito, como muitos acreditam. O que são conceitos? São simplificações que inventamos para tornar mais palpável, mais facilitada, a compreensão do mundo que observamos, estudamos.

O construto é uma imagem, uma ideia criada especificamente para uma determinada pesquisa e/ou criação teórica. Um construto é a parte inicial do conceito e ele só se tornará um conceito quando for capaz de ser operacionalizado. O construto sai de um âmbito abstrato para um concreto, com base no estabelecimento das variáveis que serão verificadas, medidas, observadas, a partir de procedimentos científicos (COOPER; SCHINDLER, 2003).

Para se transformar um construto em um conceito é necessário um procedimento de validação, e essa ação está relacionada com a capacidade da teoria utilizada no estudo de produzir variáveis passíveis de incorporação no instrumento, para que haja uma convergência da teoria com a empiria (objeto) verificada por meio do instrumento (por exemplo, das variáveis constantes nas perguntas de um questionário podem constar termos [construtos] que serão verificados em campo).

O fato das variáveis que compõem um construto serem baseadas numa teoria não quer dizer que são suficientes para validação, no momento de teste do instrumento de coleta de dados, já que o instrumento pode não ser confiável ou as variáveis selecionadas não dão conta de ser totalmente aplicadas para construções conceituais a partir de um objeto ou fenômeno distinto daquele em que foi desenvolvida a teoria. O instrumento precisa ser testado rigorosamente pelos padrões científicos, levando em consideração variáveis teóricas (constantes na teoria) e empíricas (presentes no próprio objeto estudado). Esse teste é como o teste de uma balança que mede seu peso mas que falha sempre, ainda que seja válido o instrumento (balança) que mede seu peso, ele não é confiável, justamente porque sempre falha.

Outra coisa diferente é a definição. As definições são enunciados com significados que as pessoas atribuem pela sua aparência e/ou capacidades, habilidades, valor etc.; são os significados das palavras (verbetes de dicionários) que estão nos dicionários de língua, e não nos dicionários científicos. Por isso, nestes há sempre referência ao histórico e à evolução dos conceitos, e de seus criadores (cientistas) e das teorias que os criaram. Trata-se de uma obra de revisão científica. Já o dicionário trata de definições que na maioria das vezes não têm o caráter científico.

Para dar um exemplo mais claro e do cotidiano, apresenta-se a seguinte situação: João disse que seu vizinho, um senhor de 80 anos, é um velho; Raimunda, sua professora no colégio, corrigiu a afirmação de João e disse: "Ele não é um velho; é um idoso!" Já Maristela, professora da faculdade em que Raimunda estuda, disse a ela: "Ele não é idoso; é uma pessoa da terceira idade!" Já outra professora de outro curso da mesma faculdade, que presenciou a cena, disse: "Ele não é uma pessoa da terceira idade; é uma pessoa na melhor idade!" O que se pode afirmar cientificamente desse fato? O que é conceito? O que é definição? E o que é modismo? O que é construto nesse exemplo? O fenômeno é o mesmo: uma pessoa de 80 anos!

O exemplo leva-nos a um alerta dado por Cooper e Schindler (2003) sobre as definições de dicionários, que são formas de comunicação para que todos compreendam, mas não se pode partir de suas definições para construir conceitos. As definições conceituais devem ser mais rigorosas, partindo-se de trabalhos científicos bem desenvolvidos e indicando a operacionalização dos conceitos.[1]

---

[1] Aproveitamos para dar aos iniciantes nos estudos científicos uma orientação. Ao consultar um dicionário de língua portuguesa, não coloque o verbete consultado na forma de citação em seus trabalhos acadêmicos. Quando precisar de uma definição conceitual de dicionário, procure um da ciência sobre a qual está

As variáveis de um conceito, por sua vez, são nomenclaturas a que, em uma pesquisa, podem-se atribuir valores. Elas dividem-se em: dependente, independente, interveniente, estranha e moderadora. Outro exemplo para melhor clareza sobre teoria pode ser visto a partir da teoria geral dos sistemas, muito utilizada nas ciências sociais e humanas dos anos de 1950 a 1970. Nessa teoria, as categorias *input*, *output* e *feedback* são comumente confundidas com conceitos, geralmente pelo seu significado.

Na teoria geral dos sistemas, diz-se que *input* significa *entrada*; por isso, trata-se de um conceito, e assim para as demais. Mas isso é um equívoco, pois a tradução ou o significado não é a mesma coisa que um conceito. Como são grandes unidades de análise de um determinado sistema ou subsistema, elas são categorias de análise e, por isso, constituídas de outras partes (os conceitos) que, igualmente, têm seus significados e são constituídas por unidades menores que devem ser verificadas no sistema ou subsistema objetos de estudo (as variáveis).

Do ponto de vista empírico, é necessário que o estudante saiba diferenciar as variáveis empíricas (que se manifestam apenas no objeto de pesquisa) das variáveis teóricas (que formam o conceito e estão dispostas na teoria), porque os dois tipos de variáveis devem ser observados.

Portanto, quando se analisa um trabalho científico que utiliza a teoria dos sistemas aplicada a um estudo de determinada organização (empresa), isso não quer dizer que a obra (o trabalho) é uma teoria, mas literatura acadêmica que usa a teoria dos sistemas como referencial teórico-metodológico para dar base à

---

estudando (administração, economia, sociologia, filosofia etc.). Nunca use citações de dicionários de língua portuguesa, pois eles são para consulta da forma de escrita, e não para citar como referência científica, apenas em casos especiais de trabalhos, como, por exemplo, sobre letras e linguística, quando o objeto de investigação for a própria forma de escrita. Quando o dicionário e as gramáticas passam a ser objeto de estudo, de fontes ou de referências da pesquisa é que se aceita tal procedimento de citação de dicionários da língua em que está sendo escrito o trabalho científico.

pesquisa e que pode usar apenas uma das categorias de análise da teoria sistêmica como, por exemplo, a categoria *feedback* aplicada a processos de retorno de uma empresa para seus clientes.

Nesse caso, o autor da pesquisa trabalhará com vários conceitos retirados da categoria *feedback* e os aplicará à organização (empresa) e a seus processos de comunicação com os clientes, ou seja, o procedimento é o de verificar se as variáveis que são descritas na teoria estão presentes no objeto estudado. Para isso, valer-se-á de variáveis que possam mensurar o processo de comunicação, e como a categoria mais ampla *feedback* aplica-se ao estudo da organização em análise. Então, temos literatura que trata de comunicação empresarial e que usa a categoria *feedback* da teoria dos sistemas com fundamento teórico.

A base de uma teoria são os conceitos que ela formula. Quanto mais se dominam os conceitos, maior será a probabilidade de se terem melhores resultados, em termos de aprendizado. É por isso que os "mecanismos" conceituais devem ser a primeira atividade na formação científica, e o *paper* bibliográfico é um trabalho comum ao dia a dia do estudante que deve ser incentivado e mais praticado.

É justamente esse esquema básico que será efetivado em trabalhos de campo, em busca de respostas acerca do comportamento do objeto diante de uma realidade específica. No entanto, alguém poderia perguntar: De onde vêm essas variáveis e seus respectivos atributos? Em primeiro lugar, de um amplo levantamento bibliográfico; em segundo, de um "levantamento" da realidade específica em que o objeto está se fazendo problemático. As variáveis são as unidades menores de observação em um objeto. Quando se usa uma teoria, é necessário verificar quais variáveis dessa teoria podem ser estudadas naquele objeto ou no fenômeno a ser estudado.

Não se pode partir para a construção de um plano de pesquisa sem uma revisão das outras pesquisas feitas sobre o mesmo objeto ou fenômeno ou ainda sobre objetos similares. A identificação das variáveis centrais só pode ser feita, de forma consistente e válida, a partir da literatura e/ou da teoria escolhida. Por quê? Porque só elas são capazes de dizer quais os atributos das variáveis estão mais comumente presentes nas situações problemáticas do objeto. Somente sabendo o comportamento das variáveis em jogo é que se pode determinar o comportamento do objeto.

Portanto, antes de qualquer estudo, é necessário que se busquem informações mais gerais sobre as teorias, e os professores que ministraram as disciplinas com as quais as teorias têm relação são as pessoas mais indicadas para tal busca. Tente fazer isso antes de qualquer busca em livros e periódicos científicos para poupar tempo e trabalho, muitas vezes desnecessários. No entanto, recomenda-se que inicie a busca por periódicos científicos. Os periódicos científicos existem para dar velocidade à divulgação das informações científicas (resultados de pesquisas). Têm uma circulação mais ampla que os livros, tamanho reduzido e uma organização bastante didática para a compreensão do que se pretende estudar.

Para melhor exemplificar a função de uma teoria, o Quadro 3.2 apresenta algumas teorias e um tema de pesquisa correlacionado com a teoria para que o estudante compreenda como é possível desenvolver uma pesquisa já tendo no tema a vinculação com uma determinada teoria.

Quadro 3.2 – Exemplos de teorias e temas para pesquisas

Teoria	Tema
Teoria da Ecologia Organizacional	Falência e sobrevivência de empresas comerciais
Teoria da Burocracia	Processos e entraves gerenciais no setor estatal municipal
Teoria Institucional	Rede de instituições para financiamento industrial
Teoria da Contingência Estrutural	As influências dos fatores externos na estrutura organizacional de empresas de alta tecnologia
Teoria Econômica das Organizações	Fatores de redução de custos de transação nas empresas de prestação de serviço
Teoria da Inércia Estrutural	Processo de modernização de empresas familiares
Teoria das Elites Políticas	Papel das lideranças empresariais no desenvolvimento do setor agropecuário
Teoria da Ação Comunicativa	Estratégias de endomarketing em empresas familiares
Teoria Crítica das Organizações	Modelo de gestão compartilhada de empresas de transporte terrestre
Teoria da Dependência dos Recursos	A dependência dos recursos em ONGs de Belém-PA
Teoria da força dos Laços Fracos	Redes sociais de gerentes de empresas agroindustriais

Fonte: Os autores.

Já as Figuras 3.3 e 3.4 têm a função de demonstrar como teorias diferentes se complementam ou constroem paralelos de estudos que sobrepõem uma determinada análise. Na Figura 3.3

verifica-se que duas teorias totalmente diferentes, sendo a primeira da difusão da inovação e a segunda sobre o ciclo de vida do produto, na realidade possuem pontos de reflexão perfeitamente conjugados. A introdução de um produto no mercado é efetuada no início por aqueles que chamamos de inovadores, que são os primeiros usuários que buscam diferenciação e modernidade em suas aquisições. Na continuidade, percebe-se que os retardatários nada mais são do que usuários que compram o produto no momento de seu declínio, pela busca de mais informações sobre o uso e capacidade de inserção pessoal na tecnologia, além de buscar as reduções nos preços que ocorrem quando o produto inicia a perda de sua posição de maturidade e reconhecimento de mercado.

Figura 3.3 – Estágios da adoção de uma tecnologia e seu ciclo de vida

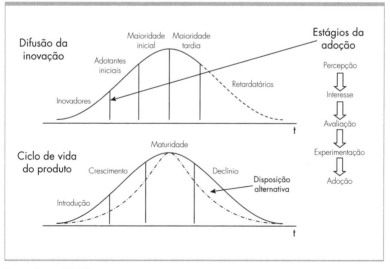

Fonte: Costa (2012).

A Figura 3.3 apresenta a difusão da inovação em um contexto de continuidade de pesquisa, ou seja, uma extensão de proposta anterior que em determinado momento possui uma modificação em relação à anteriormente proposta, inserindo-se assim uma nova variável, uma modificação do estudo inicial ou uma modificação das variáveis previamente descritas. Percebe-se nessa pesquisa da Figura 3.4 que os autores buscam descrever como produtos em momento de perda de mercado podem ser atualizados e assim acabam por motivar a continuidade de consumidores com a nova versão mais recente e percebida como diferente (benefício da atualização).

Figura 3.4 – Ciclo de vida de um produto tecnolóligo a partir do consumo

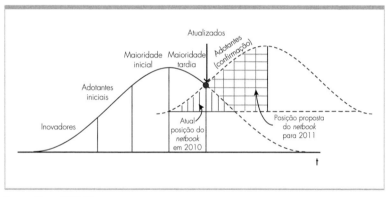

Fonte: Costa (2012).

4

Metodologia da pesquisa: o levantamento dos dados e informações

A parte metodológica de um plano ou projeto de pesquisa é a parte mais delicada de uma pesquisa. Ainda na fase de planejamento, é comum tratar essa etapa ou item de um projeto como a *metodologia da pesquisa*. É necessário pensar no leitor, que certamente quer saber: "Como foi feita a pesquisa?" É justamente a parte que informa ao leitor os procedimentos por meio dos quais se alcançaram os resultados de um esforço metodicamente articulado.

A descrição das etapas/fases, informações de métodos, técnicas, instrumentos, fontes, tratamento dos dados etc. é o principal fundamento deste capítulo e aqui serão descritos todos os cuidados iniciais para o desenvolvimento de um projeto de pesquisa e as necessidades posteriores de relatar esses procedimentos na fase após a pesquisa que é o relatório. As etapas podem ser assim pensadas:

a) Ao formular as perguntas de pesquisa, as hipóteses (quando necessárias) e os objetivos, o pesquisador deverá ter noção exata do que quer fazer, para que possa detalhar o *como* fazer. A metodologia ou o método de pesquisa trata exatamente do "como" fazer (no projeto) ou de como foi feita (pesquisa).

b) Esta segunda etapa é decorrente da primeira. Tanto as perguntas quanto as hipóteses e os objetivos têm suas análises baseadas nos conceitos e variáveis de uma teoria. Então, é necessário verificar se os dados são numéricos ou se são apenas informações em forma de palavras. Se numéricos, está-se diante de uma pesquisa que poderá ser predominantemente quantitativa (no levantamento e nas análises); se em forma de palavras, a pesquisa pode ser predominantemente qualitativa; se ambos, a pesquisa terá uma abordagem quanti-qualitativa, ou seja, poderá envolver as duas formas de levantamento e análise.

c) É necessário identificar as fontes de dados ou das informações. Aqui os cuidados são com a exatidão que os dados terão; o que coletar e quais dados existentes são de fácil acesso. Isso tem implicação sobre o tempo e o custo da pesquisa. É fundamental, porque exige a explicação de como coletará os dados primários (os inexistentes) e os secundários (os disponíveis). Para a coleta de dados primários, o que tem muita importância é o instrumento. Ele tem que ser adequado e válido (depois de testado).

d) Definir a população e a amostra dessa população (quando em pesquisa quantitativa), ou os sujeitos e o processo de seleção (para pesquisa qualitativa). No primeiro caso, sugere-se amostragem para um número grande (maior que 100 casos); no segundo, que sejam seguidas as exigências dos processos de seleção. De qualquer forma, há que se primar pela validade (medir o que se quer medir) e pela fidedignidade (o instrumento de medida deve medir sempre da mesma forma o que se quer medir). Validade e fidedignidade são exigências primordiais da ciência.

Metodologia da pesquisa: o levantamento dos dados e informações **57**

e) Para as ciências da vida ou biológicas, tratar dos materiais e formas de procedimento que serão utilizados na investigação. A razão é simples: materiais diferentes produzem resultados distintos, assim como os procedimentos também. Em muitos casos, fazer um composto passar alguns segundos a mais no aquecimento compromete completamente o resultado da experimentação. As ciências sociais aplicadas, na maioria das vezes, não precisam dar conta dessa etapa.

f) Cuidar da forma como os dados serão tratados é primordial. A ideia é simples. Os dados, quando coletados antes das análises, ainda são considerados "dados brutos" e, por isso, precisam ser tratados, "lapidados", analisados. Metaforicamente, eles precisam "falar" o que queremos ouvir. Por isso, os pesquisadores precisam dizer como os farão "dizer o que querem ouvir". Em pesquisas de levantamento, os dados podem ser tratados com medidas descritivas (médias, medianas e modas) e de dispersão (variância e desvio-padrão) ou de outras formas com base na estatística; em pesquisas qualitativas, a análise de conteúdo poderá ser suficiente, apesar de complexa.

g) A forma de exposição dos resultados também deve ser prevista. As investigações científicas manejam muitos dados e estes podem não ser valorizados no momento das análises por falta de cuidado no tratamento. Por exemplo, uma pesquisa que trabalhe com dez perguntas com uma variável cada, se produzir 400 questionários preenchidos, terá um volume de 4.000 dados a serem analisados. E eles necessitam ser sumarizados, organizados e expostos. Se se procura a idade média dos estudantes da faculdade e são 4.000 estudantes, não é útil nem proveitoso colocar a idade de cada aluno. Um histograma pode ser utilizado ou uma tabela de frequência de faixa etária. O pesquisador deve prever como os dados serão expostos para poderem ser analisados.

h) A última parte de um projeto deve ser centrada nas limitações da pesquisa. Delimita-se a abrangência do que se quer pesquisar. O que é delimitar? É dizer até onde vai a resposta que se quer dar à pergunta formulada, apontar as possíveis deficiências do método, das formas de proceder às explicações dadas no documento final, as ocorrências inesperadas no decorrer da investigação, dentre outras. Deve-se chamar a atenção aqui para o fato de que as respostas poderão se desviar dos objetivos da pesquisa, em decorrência de algum fato/problema sobre o qual recairão as delimitações. Quanto menos problemas operacionais forem listados, tanto melhor será o trabalho do pesquisador. Mas vale a grande lição: não existe trabalho científico sem limitação. Todo trabalho científico tem limitações porque a realidade é mais complexa do que a visão do pesquisador e dos métodos de pesquisa por ele usados para apreender essa realidade.

Dessa forma, pode-se dizer que pesquisa é todo processo de obtenção de respostas a determinadas perguntas ou problemas que segue as recomendações da ciência. Assim, se a pesquisa segue as regras da ciência, é científica; se não as segue, não é científica. Mas que regras são essas? São os rigores teórico-metodológicos que utilizamos para dar suporte (coerência) e aceitação de seus resultados (credibilidade junto à comunidade científica).

A partir daqui será apresentada uma classificação de pesquisa científica que é a forma inicial de se pensar a pesquisa na fase metodológica ou o *como* da pesquisa. Na literatura acadêmica há várias tipologias ou classificação de pesquisa. A classificação aqui apresentada é a mais consensual entre os autores.[1]

---

[1] Essa classificação tem como base Marconi e Lakatos (1986); Silva e Menezes (2001); Dencker (2004); Gil (2002); Cooper e Schindler (2003).

As informações a seguir sobre classificação são apenas para se compreender o que se deve fazer, interpretar e de que forma conduzir uma pesquisa. Na parte de descrição de como será feita a pesquisa (projeto) ou quando se descrevem seus resultados (relatório) não é necessário conceituar cada tipologia, mas é importante compreendê-las para a seleção mais adequada de cada método, técnica ou instrumento.

4.1 Classificação ou tipologia de pesquisa

A classificação de uma pesquisa ainda em fase de projeto permite verificar que tipo mais adequado de procedimentos metodológicos deve-se tomar e também a possibilidade de readequar as questões de pesquisa, os objetivos e suas hipóteses. Essa é uma parte que comumente os estudantes negligenciam por acreditarem que está deslocada dos objetivos de uma pesquisa. Portanto, eles devem se preocupar apenas com a apresentação dos resultados, informando sobre o "enquadramento" de sua pesquisa. É nesse momento que precisam compreender como se classificam as pesquisas e como se classificam a que acabaram de desenvolver ou que pretendem desenvolver no futuro (se estiverem na fase de elaboração de projeto). Quando o pesquisador consegue classificar a pesquisa, ao estudar a tipologia, pode também desenvolver melhor, buscando métodos e técnicas mais adequados.

O Quadro 4.1 tem como objetivo demonstrar como se classificam as pesquisas. Claro que há discordâncias sobre a classificação, mas esta é a mais consensual entre os autores que tratam do assunto. A seta pontilhada mostra uma sequência para compreensão de uma pesquisa e de como pode ser explicada no projeto e/ou relatório.

Quadro 4.1 – Tipologia de classificação das pesquisas

TIPOS DE PESQUISA

Campo da Ciência	Finalidade	Abrangência Temporal	Objetivo	Natureza	Procedimento Técnico	Local de Realização	Dados
Monodisciplinar	Aplicada	Transversal	Exploratória	Qualitativa	Bibliográfica	Campo	Primários
Interdisciplinar	Básica	Longitudinal	Descritiva	Quantitativa	Documental	Laboratório	Secundários
Multidisciplinar			Explicativa		Experimental		
			Outros				

Fonte: Marconi e Lakatos (1986); Silva e Menezes (2001); Dencker (2004) ; Gil (2002) ; Cooper e Schindler (2003).

4.1.1 Quanto aos campos e setores do conhecimento

Uma parte considerável das pesquisas acadêmicas já não se enquadra rigorosamente nos moldes de uma mesma disciplina acadêmica, sendo comum uma pesquisa "avançar" para outros campos disciplinares. No entanto, há uma grande confusão conceitual nesse tipo de pesquisa. Assim, o estudo pode ser:

a) monodisciplinar: quando está baseado em uma única disciplina acadêmica. Exemplo: Administração, Engenharia, Economia etc.

b) multidisciplinar: quando tem seu foco em várias disciplinas acadêmicas, sem a integração dos elementos das mesmas. Geralmente esta integração se faz pela teoria adotada na pesquisa. Mesmo que numa pesquisa haja vários assuntos diferentes comumente tratados ou objeto de estudo de diferentes disciplinas acadêmicas, não significa que ela seja uma pesquisa interdisciplinar e sim que é multidisciplinar.

c) interdisciplinar: quando é baseado numa relação de integração entre as partes constituintes de mais de uma disciplina acadêmica. A integração das partes ou elementos de uma disciplina acadêmica é que une as ciências. Esse elo é basicamente uma teoria ou o embasamento teórico-metodológico da pesquisa. Assim, é possível um estudo em que temas de diferentes disciplinas acadêmicas sejam pesquisados tendo uma mesma teoria dando suporte analítico e metodológico. Portanto, fazendo a integração e promovendo a interdisciplinaridade.

É importante que se considere que os fenômenos estudados na vida real, no mundo real, são integrados e não se apresentam separados por disciplinas acadêmicas. As disciplinas são formas didáticas de se explicar a complexidade do mundo real ou uma parte dele (o fenômeno estudado), mas com o passar do tempo essa explicação ficou fragmentada demais e as disciplinas se limitaram a explicações mais restritas, sendo necessárias explicações mais completas, com base nos avanços científicos das várias áreas ou disciplinas acadêmicas. No entanto, para ser interdisciplinar uma pesquisa deve ter algo que integre essas várias disciplinas que estão sendo trabalhadas para explicar um determinado objeto ou fenômeno.

4.1.2 Quanto à utilização de seus resultados

a) Pesquisa pura, básica ou fundamental: é um tipo de pesquisa que não tem preocupação com a aplicação dos resultados gerados, sendo mais voltada à criação de enunciados gerais, leis científicas, teorias etc.

b) Pesquisa aplicada: seus resultados são voltados à aplicação prática. Porém, devemos ter atenção, pois uma pesquisa pode ser pura num primeiro momento e aplicada depois, já que as teorias só têm sentido se são capazes de serem aplicadas em determinados estudos empíricos, até mesmo sob a forma de intervenção.

4.1.3 Quanto a sua abrangência de tempo

a) Estudos transversais: quando os estudos são feitos uma vez e representam apenas um determinado momento. São comuns, nesse tipo de estudo, os levantamentos do tipo pesquisa de opinião. Seus resultados expressam apenas o momento de realização da pesquisa.

b) Estudos longitudinais: quando são realizados em um período maior de tempo. A sua vantagem é que podem acompanhar mudanças no tempo. Um exemplo é o estudo de painel, que é quando se acompanha um determinado grupo (pessoas, objetos, entidades etc.) por certo tempo, em vários levantamentos, para efeito de comparação da evolução do fenômeno no período determinado, já que as opiniões mudam ao longo do tempo (veja os diversos tipos de estudo longitudinais na parte que trata da pesquisa *survey*).

4.1.4 Quanto a seus objetivos

a) Pesquisa exploratória: visa proporcionar maior familiaridade com o problema, com vistas a torná-lo explícito ou a construir hipóteses. As mais comuns são os levantamentos bibliográficos, as entrevistas com pessoas que tiveram experiências práticas com o problema pesquisado, visita a instituições ou busca de *web sites*. Caracteriza-se por uma primeira aproximação com o tema--problema-objeto e busca estabelecer os primeiros contatos com o fenômeno de interesse. Grande parte dos trabalhos de estudantes iniciantes na pesquisa é constituída por esse tipo de estudo.

b) Pesquisa descritiva: visa descrever as características de determinada população ou fenômeno, ou o estabelecimento de relações entre variáveis. Na maioria das vezes, são usadas técnicas padronizadas de coleta de dados por meio de questionário, formulário e observação sistemática. A pesquisa *survey* é uma forma de levantamento que se caracteriza como estudo descritivo, porque oferece uma descrição da situação no momento da pesquisa. É comum se buscar responder às perguntas *quem, o que, onde, quando, quanto*.

c) Pesquisa explicativa: visa identificar os fatores que determinam ou contribuem para a ocorrência dos fenômenos. Busca aprofundar o conhecimento da realidade, porque explica a razão, o porquê das coisas. Quando realizada nas ciências naturais, requer o uso do método experimental; e nas ciências sociais, o uso do método observacional. Assume, em geral, a forma de pesquisa experimental e de pesquisa *ex-post-facto* (depois dos fatos ocorridos). A preocupação é saber "por que" uma variável produz mudanças em outra.

4.1.5 Quanto ao tipo de abordagem

a) Pesquisa quantitativa: forma de estudo que parte de uma visão quantificável, o que significa traduzir em números opiniões e informações para classificá-las e analisá-las. Geralmente se utilizam recursos e técnicas estatísticas (percentagem, média, moda, mediana, desvio-padrão, coeficiente de correlação, análise de regressão etc.).

b) Pesquisa qualitativa: parte de uma visão em que há uma relação dinâmica entre o mundo real e o pesquisador, entre o mundo objetivo e a subjetividade de quem observa, que não pode ser traduzida em números. A interpretação dos fenômenos e a atribuição de significados são básicas nos processos da pesquisa qualitativa. Este tipo de pesquisa também é conhecido como pesquisa com análise intersubjetiva.

4.1.6 Quanto aos procedimentos técnicos

a) Pesquisa bibliográfica: quando elaborada a partir de material já publicado, constituído principalmente de livros, artigos de periódicos e, atualmente, com material disponibilizado na Internet. Constitui a fase preliminar de levantamento da literatura. Enquanto meio, é a primeira fase de realização de uma pesquisa. Quanto ao fim (finalidade do estudo) deve ser feita com muita atenção, pois necessita de critérios minuciosos para seu desenvolvimento, seleção dos textos e foco da pesquisa.

Toda pesquisa acadêmica tem uma pesquisa bibliográfica para que se possa verificar como o tema-problema foi tratado em outras experiências, para verificar que evolução conceitual e/ou metodológica pode ter ocorrido com os estudos já realizados. No entanto, quando a finalidade (objetivo geral) do estudo é compreender essa evolução, então se trata de uma pesquisa cujas fontes de dados e/ou informações são exclusivamente a bibliografia publicada sobre o tema, então a pesquisa bibliográfica é meio e fim. Portanto, exige um duplo cuidado, pois é da própria bibliografia consultada que sairão respostas para as questões de pesquisa e que se alcançarão os objetivos da pesquisa. Ela é meio, porque permite se chegar até a base teórica, e é fim, porque é por meio dela que serão retirados os dados e/ou informações para serem analisados como forma de apresentar resultados.

b) Pesquisa documental: quando elaborada a partir de material que não recebeu tratamento analítico ou que pode ser reelaborado. Trata-se de material de "primeira mão", que pode ser tratado analiticamente pelo pesquisador. A fonte de dados e de informações são os documentos; é por intermédio deles que se responderão às questões de pesquisa, quando se tratar de pesquisa puramente documental. Quando a pesquisa tem os documentos como uma fonte de apoio para coleta de dados, ela passa a ser apenas uma das tantas outras fontes de coleta de dados/informações. Assim, esse tipo de pesquisa pode ser meio (mais uma dentre tantas fonte de evidências) e fim (única fonte de evidência para responder às questões e alcançar os objetivos).

c) Pesquisa experimental: quando se determina um objeto de estudo, selecionam-se as variáveis que seriam capazes de influenciá-lo, definem-se as formas de controle e de observação dos efeitos que a variável produz no objeto. Geralmente é usada em um contexto social, trabalha com grupos de experimento e de controle, quando se usam estímulos aos dois grupos para verificar as alterações ocorridas (respostas) ou sua ausência. Um dos objetivos é separar as alterações induzidas das espontâneas. É muito utilizada em pesquisa de mercado e, geralmente, emprega grupos de controle.

Nos estudos experimentais, o pesquisador altera (ou precisa alterar) o ambiente em que o fenômeno acontece. Ele não precisa aceitar o ambiente como ele está posto para a pesquisa. Cooper e Schindler (2003, p. 320) afirmam que "os experimentos são estudos que envolvem intervenção do pesquisador [...] manipula-se algumas variáveis em um ambiente e observam-se como os objetos de estudo são afetados". Portanto, os métodos experimentais permitem que o pesquisador altere, sistematicamente, as variáveis de interesse para observar as mudanças que decorrem dessa modificação imposta.

Assim, para a condução de um experimento de forma coerente, é necessário selecionar as variáveis que serão trabalhadas, definir os níveis de tratamento das mesmas, preparar o ambiente em que vai se dar o experimento, selecionar e/ou designar elementos a serem estudados, realizar teste e revisão de teste.

d) Levantamento: quando a pesquisa envolve a interrogação direta das pessoas, cujo comportamento se deseja conhecer, a partir de critérios estatísticos (usa-se censo ou amostras). No caso das amostras, elas podem ser probabilísticas e não probabilísticas. Esse tipo não é indicado para estudo que exige maior profundidade nas análises ou em estudo complexo, pois os dados permitem fazer análises mais descritivas do que explicativas.

e) Estudo de caso: quando envolve o estudo profundo e exaustivo de um ou poucos objetos de maneira que se permita o seu amplo e detalhado conhecimento. É mais usado na construção de hipóteses e na reformulação de problema. Na maioria das vezes não permite generalização dos resultados. Pode utilizar um conjunto de técnicas diferentes e possibilita o estudo de mais de um caso (multicaso); coloca-se mais ênfase em uma análise contextual completa de poucos fatos, elementos, entidades ou objeto, por meio de fontes múltiplas de informações. Por isso, em estudos de caso são necessárias várias fontes de evidência, porque é um estudo profundo de uma ou poucas unidades de estudo.

Esse tipo de estudo foi acusado, durante algum tempo, de não ter valor científico, pois não atende às exigências mínimas para planejamento de comparação, apresenta dificuldades lógicas de fornecer condições para formulação de proposição geral ou mais ampla. Por isso, é importante não confundir um estudo exploratório com um estudo de caso, já que ele é uma fonte para novas hipóteses e questionamentos.

f) Pesquisa *ex-post-facto*: quando o estudo realiza-se depois dos fatos ocorridos, ou seja, o pesquisador não tem controle sobre as variáveis que interferem no fenômeno. É fundamental para análise de estruturas sociais a partir de fatores históricos, ou seja, quando o fenômeno já ocorreu e o pesquisador quer investigá-lo.

Metodologia da pesquisa: o levantamento dos dados e informações **67**

g) Pesquisa-ação: quando concebida e realizada em estreita associação com uma ação ou com a resolução de um problema coletivo. Os pesquisadores e participantes representativos da situação ou do problema estão envolvidos de modo cooperativo ou participativo. O plano de pesquisa é constantemente redefinido com base no andamento da pesquisa. Utiliza primordialmente critérios qualitativos de análise. É útil em pesquisas comunitárias ou durante a realização de estágio em organizações.

h) Pesquisa participante: quando se desenvolve a partir da interação entre pesquisadores e membros das situações investigadas, com os pesquisadores assumindo função no grupo pesquisado. O objetivo é buscar informações mais profundas do grupo. É uma pesquisa em que se registram, simultaneamente, os fatos e a observação. Deve-se ter cuidado com a objetividade dos registros e das observações. O grupo pesquisado deve ter conhecimento da pesquisa e de seus objetivos.

4.1.7 Quanto ao local de realização

a) Pesquisa de campo: é um tipo de pesquisa em que o pesquisador desloca-se de seu ambiente para o chamado "campo", que pode ser um campo institucional (empresas), social (em comunidades) ou outros que não sejam um "laboratório". É quando a coleta de dados e informações ou as observações são realizadas no ambiente em que o objeto está situado no local de manifestação do fenômeno pesquisado, *in natura*.

b) Laboratório: já as pesquisas de laboratório podem ser feitas em ambientes controlados que comumente se chamam de "laboratório", mas isso não implica dizer que são as pesquisas decorrentes de um ambiente tal qual os laboratórios de análises clínicas ou biológicas. O termo *laboratório* é usado para descrever um ambiente criado artificialmente pelo pesquisador para que o fato/fenômeno manifeste-se diante de sua observação (o "laboratório" pode ser uma sala em que são observadas pessoas e/ou seus comportamentos).

O ato de se artificializar o ambiente ou os mecanismos de percepção é que dá o *status* de "pesquisa de laboratório", ou seja, trabalha-se com o princípio de percepção-estímulo-cenário que permite estabelecer um padrão desejável à observação; captar dados e manifestações para, em seguida, descrever e manipular em outras situações; controlar o ambiente e o objeto em que o fenômeno manifesta-se e suas variáveis como forma de controle e manipulação. Tudo ocorre em ambiente artificial ou em situações artificiais.

4.1.8 Quanto à procedência dos dados

a) Dados primários: quando a pesquisa tem como base os dados coletados em "primeira mão" pelo pesquisador, de forma original. Exemplos: trabalho de campo, documentos originais etc.

b) Dados secundários: quando a pesquisa é fundamentada em dados que se originam de material já tratado, processado e analisado por outros. Exemplos: censos, base de dados, jornais, relatórios etc. Os dados secundários podem se apresentar como meio para uma pesquisa ou como fim em si mesmo. É possível (e hoje é comum) a realização de uma pesquisa cujos dados são exclusivamente secundários, ou ela pode ser feita apenas para dar suporte na geração de dados primários.

4.2 O planejamento da pesquisa: orientações preliminares

Antes de se proceder ao planejamento da pesquisa, que é a previsão das etapas e dos procedimentos, devem-se detalhar os métodos para levantamento e análise dos dados/informações. Sugere-se proceder da seguinte maneira:

- analisar se as questões, as hipóteses e os objetivos ("triângulo" de pesquisa) podem ser respondidos, verificados e alcançados com métodos quantitativo, qualitativo ou de forma mista (com abordagem quanti-qualitativa).

Aqui é necessário deixar claro que não há um método misto e sim uma abordagem mista, com uso de dois tipos de métodos;

- analisar qual o tipo de estudo é mais adequado, segundo a forma de análise (exploratória, descritiva, explicativa, experimental);
- analisar que método (dentre os quantitativos e qualitativos) pode ser mais adequado e utilizado;
- verificar a necessidade de combinações de dois ou mais métodos;
- avaliar a cobertura que o objeto de pesquisa requer e quais as técnicas mais adequadas a ele;
- verificar quais as fontes mais adequadas para encontrar dados/informações;
- avaliar quais técnicas de pesquisa são mais adequadas, com base no "triângulo" de pesquisa;
- verificar a partir da(s) técnica(s) de pesquisa, qual(is) o(s) instrumento(s) mais adequado(s);
- consultar livro de pesquisa aplicada à área que se quer pesquisar;
- iniciar o plano metodológico, descrevendo todos os procedimentos, desde o enquadramento da pesquisa (forma, tipo, natureza etc.) até o detalhamento de fontes, dados, sujeitos, equipe, procedimentos de coleta de campo etc.

Pensar em pesquisa é reconhecer que ela é resultado de atividades voltadas para dar resposta a problemas. Ela parte da busca de uma resposta para alguns questionamentos, da investigação de uma dada realidade que ajuda na compreensão e orienta a ação, com base na observação de fatos, a partir de um objetivo traçado. Esse é um esforço para que o conhecimento evolua, a partir de uma atividade planejada, metódica e sistemática, por meio de um conjunto de passos previamente definidos. Planejar uma pesquisa é prever as ações necessárias, os meios e os procedimentos a serem aplicados na busca do conhecimento, a partir de um patamar mínimo de informações sobre o problema.

Os raciocínios mais comuns em pesquisa são o indutivo e o dedutivo. Isso quer dizer que um estudo pode partir de uma *dedução*, que é uma forma de inferência que parece ser conclusiva (partindo de razões dadas). As premissas (razões) devem concordar com o mundo real (verdadeiras) e a conclusão deve partir das premissas válidas. A conclusão é válida se as premissas forem verdadeiras. O exemplo a seguir ilustra melhor esta explicação e foi adaptado de Cooper e Schindler (2003, p. 49): funcionários regulares não roubam (premissa 1). João é um funcionário regular (premissa 2). Então, João não rouba (conclusão). Veja que esta conexão de ideias ou de raciocínio, na forma de silogismo, pode ser assim apresentada: todos empregados regulares não roubam (premissa maior); João é um empregado regular (premissa menor); João não rouba (síntese ou conclusão).

Quando um estudo parte de uma *indução*, ele parte de uma conclusão de um ou mais fatos particulares ou de determinadas provas. A conclusão explica os fatos e os fatos dão suporte à conclusão. Exemplo: uma determinada empresa não conseguiu aumentar suas vendas. As hipóteses a seguir explicam os motivos para esse fato (não aumento das vendas). Hipótese 1: os varejistas regionais não tinham estoques para atender à demanda dos clientes no período da promoção. Hipótese 2: uma greve dos funcionários da transportadora impediu as entregas das mercadorias (COOPER; SCHINDLER, 2003, p. 49). Esses exemplos são para chamar atenção do estudante que pretende iniciar sua pesquisa para não partir de hipóteses e de raciocínios circulares.

Um procedimento arriscado para iniciantes é o método hipotético-dedutivo, que é quando se parte de uma hipótese, sem a mínima verificação prévia de sua coerência, e dela se tiram conclusões e inferências para generalizações. Às vezes, esse raciocínio é arriscado, pois leva o pesquisador a concluir com base em suposições sem fundamento teórico coerente ou empírico (real, fatos concretos), a partir de uma fonte fidedigna de evidência. Portanto, ao organizar as ideias para o desenvolvimento da redação de um projeto de pesquisa é importante verificar de que forma estão sendo elaborados o raciocínio e os argumentos no texto, tanto da revisão da literatura quanto no referencial teórico, pois a indução, a dedução ou uma hipótese dedutiva podem requerer formas de levantamento e análises diferentes, assim como metodologia adequada aos rumos que se queira dar à pesquisa ou à condução do relatório final.

Os procedimentos metodológicos contêm o plano de ação do pesquisador com detalhes suficientes para compreensão do modo como os dados e as informações serão colhidos. Deve ficar claro cada passo na coleta, em que ordem os passos serão/foram dados e em que base eles serão/foram escolhidos. É com isso que o avaliador saberá o que se fez (ou o que se quer fazer, em caso de projeto); se atende aos seus objetivos de pesquisa; se consegue/conseguirá responder às perguntas; se consegue/conseguirá verificar as hipóteses.

Nessa etapa, justifica-se a escolha do método; se é apropriado para responder às perguntas de pesquisa. Responde-se: por que coletar dados dessa forma? Por que usar essa abordagem? Por que um determinado tipo de estudo e não outro?

É importante descrever o local ou contexto (empresa, comunidade, escola etc.) no qual a pesquisa ocorrerá. Se o seu método inclui pesquisa de campo, também é importante descrever o contexto, de modo a fazer o leitor perceber como o método proposto integra-se ou permite estudar o assunto.

Podem ser necessárias descrições físicas, de relações entre pessoas, entre fenômenos sociais e/ou organizacionais. Se sua pesquisa insere-se em um projeto mais amplo, ele deverá ser descrito. Essa descrição servirá como um preâmbulo à descrição da amostra e da população. Por exemplo: quem são/serão os sujeitos ou participantes do estudo? Como eles serão/foram selecionados? Quais os critérios de inclusão/exclusão? Como podem ser identificados (como se caracterizam)? Essas perguntas devem ser respondidas. Esse é um conjunto de informações cruciais para decidir sobre o poder de generalização dos resultados.

Primeiramente, descreve-se a população da qual a amostra foi extraída (para estudos quantitativos com amostra). Em segundo lugar, descrevem-se as bases racionais para a constituição da amostra. Só então se descreve como a amostra foi obtida e sua caracterização final.

Um aspecto que deve ficar explícito é a suficiência do tamanho da amostra (indivíduos selecionados) para os propósitos do estudo, e isso se aplica tanto aos métodos quantitativos quanto aos qualitativos. Com pequenas variações, só se pode generalizar para novos casos quando a amostra é representativa deles, e isso só é possível a partir de uma amostra do tipo probabilístico.

Outro fator importante é quanto aos instrumentos de coleta de dados ou informações. No instrumento é que será especificado e descrito todo o material coletado e como se relaciona com as variáveis que foram determinadas pelas perguntas da pesquisa. No projeto devem ser indicados os instrumentos usados e com que objetivo, como esses instrumentos serão desenvolvidos (se são preexistentes, a fonte deve ser apontada), sua adequação à população e aos objetivos do estudo, suas propriedades de mensuração (fidedignidade, validade, estrutura). No caso de instrumentos elaborados, devem ser testados e validados para o uso na pesquisa definitiva.

Já os procedimentos para coleta de dados devem ser descritos com riqueza de detalhes de como os sujeitos serão abordados, como os instrumentos serão aplicados e como os dados serão colhidos. Na pesquisa qualitativa, muitas decisões são tomadas durante a coleta dos dados; os critérios devem ser antecipados e as decisões precisam levantar as características do contexto, que também devem ser incluídas.

Apoie-se na pesquisa relatada nos estudos que são relevantes para o seu tópico e cite-os. Cite também os manuais que detalham

Metodologia da pesquisa: o levantamento dos dados e informações **73**

métodos, não para que o leitor compreenda o conceito, mas para mostrar sua fonte de sustentação conceitual, já que nem sempre as abordagens conceituais são consensuais. Por exemplo, se o seu método inclui o envio de questionários, recorra aos textos que tratam dos cuidados com a montagem, envio (correio ou Internet) e aplicação desses instrumentos. Tais procedimentos trarão segurança, confiabilidade e coerência metodológica.

Uma vez concluída a parte de levantamento dos dados e informações, é necessário indicar os procedimentos para tratar, categorizar e analisar os dados. Depois dos dados colhidos, o que será feito com eles? Haverá algum tratamento por computador? Se há entrevistas, quem fará as transcrições, como e quando? Um aspecto importante diz respeito às categorias de análise, que deverão estar previstas antes da coleta de dados, ainda que de modo preliminar.

Também as formas de análise estatística devem ser descritas, apontando-se os testes que serão/foram selecionados e que análises permitirão. Os Quadros 4.2 e 4.3 mostram alguns métodos, técnicas e a correlação com os instrumentos de coleta de dados, assim como a aplicabilidade de métodos, técnicas e instrumentos para pesquisas qualitativas e quantitativas.

Quadro 4.2 – Métodos de levantamento e métodos de coleta de dados e informações

Método/Técnica	Técnicas/ Procedimentos	Instrumentos
Survey (Quantitativa)	Entrevista pessoal Entrevista via postal Entrevista via telefone Entrevista via internet	Questionário fechado ou semiaberto
Observação (Qualitativa)	Observação participante Observação não participante	Roteiro estruturado de observação, gravador de voz, caderno de campo, filmadora, câmera fotográfica etc.

Etnografia (Qualitativa)	Entrevista livre com abordagem direta Observação participante	Gravador de voz, caderno de campo, filmadora etc. Roteiro de narrativa oral Roteiro ou sem roteiro (livre)
Grupo Focal ou Grupo de Foco (Qualitativa)	Reunião grupal com controle da equipe de pesquisadores	Dependendo dos objetivos, roteiros apropriados de observação, de questionamentos, de registros
Pesquisa Participante (Qualitativa)	Qualquer técnica de levantamento qualitativa	Dependendo dos objetivos, roteiros apropriados de observação, de registros
Pesquisa-Ação (Qualitativa)	Qualquer técnica de levantamento qualitativa	Dependendo dos objetivos, roteiros apropriados de observação, de registros
Painel (Quanti e/ou Quali)	Qualquer técnica de levantamento qualitativa ou quantitativa	Dependendo dos objetivos, roteiros apropriados de observação, de entrevista, questionamentos, formulários etc.
Estudo de Caso (Quanti e/ou Quali)	Dependendo do desenho da pesquisa, uma combinação de técnicas	Dependendo dos objetivos, roteiros apropriados de observação, de questionamentos, de registros, *survey* etc.
Pesquisa Documental (Qualitativa)	Leitura detalhada e avaliação	Roteiro/plano/matriz de análise

Quadro 4.3 – Método, técnicas e instrumentos de análise de dados e informações

Método	Técnicas – Procedimentos	Instrumentos
Análise de Conteúdo (Qualitativa)	Leitura detalhada do conteúdo	Roteiro de análise
Análise de Discurso (Qualitativa)	Leitura detalhada e avaliação intersubjetiva	Roteiro de análise
Análise Estatística	Técnicas e procedimentos estatísticos	*Softwares* (SPSS e outros)

4.3 Procedimentos de pesquisa: métodos, técnicas e instrumentos de coleta de dados/informações

Muitas vezes os estudantes deparam com dúvidas sobre qual método e/ou técnica poderão usar em seus projetos de pesquisa. Ainda na fase de projeção eles têm questionamentos básicos, mesmo estando em fase adiantada do projeto e até mesmo de um relatório de pesquisa. Há, inclusive, relatórios que não têm validade alguma, porque não há essa parte metodológica descrita, nem ao menos uma informação de como foram coletados os dados que servem de evidência às conclusões. Infelizmente, isso não é raro!

Em grande parte, este fato se deve a alguns fatores ou a vários conjuntamente. Quando tudo isso se materializa em um único estudante, a situação é difícil de ser contornada. E é com base nessa preocupação e constatação que este livro foi desenvolvido. A lista a seguir apresenta os principais fatores encontrados no dia a dia dos estudantes de cursos superiores. Esses fatores são responsáveis por grande parte das dificuldades que os estudantes encontram para compreender como se planeja e se desenvolve uma pesquisa acadêmica:

a) Estudantes sem experiência em pesquisa, durante toda a vida acadêmica, e que não têm ao menos conhecimento de como funcionam os projetos de pesquisa.

b) Estudantes que leram pouco sobre pesquisa e metodologia científica, por isso confundem metodologia com normas da Associação Brasileira de Normas Técnicas (ABNT); portanto misturam forma e conteúdo.

c) Estudantes que, por acreditarem que a pesquisa científica é uma atividade muito difícil e trabalhosa, já iniciam os estudos com o "bloqueio da dificuldade", então constroem uma barreira ao conhecimento.

d) Estudantes que não têm a mínima vontade de enfrentar os rigores da pesquisa científica e entregam-se à preguiça ou "lei do menor esforço", facilidade trágica, porém real e crescente, acreditando que copiar um trabalho já feito requer menor esforço: o plágio acadêmico. Embora esta última seja uma prática da minoria dos estudantes, há um efeito negativo profundo no grupo maior.[2]

Por esses fatores mostramos os procedimentos básicos e gerais para realização de uma pesquisa a partir do detalhamento, que é uma exigência (a mais importante) dentro de um projeto de pesquisa científica e de um relatório de pesquisa.

Mesmo considerando os mais variados métodos, técnicas, instrumentos e estratégias existentes hoje, à disposição dos estudantes, com o avanço da ciência da informação e de *softwares* específicos para armazenagem de dados, além do avanço de instrumentos de coleta de dados e informações disponíveis, este livro tem como objetivo fazer uma introdução ao planejamento de pesquisa científica. Por isso, expõe métodos mais tradicionais, mais utilizados e também mais fáceis para o público-alvo dele,

---

[2] Para melhores informações sobre este tema, consulte o trabalho de Krokoscz (2012).

que são os estudantes dos cursos de graduação, especialmente os de Administração e de outras áreas afins. Eventualmente, servirá para um aluno de pós-graduação, mas apenas de forma introdutória. Alguns estudantes de pós-graduação, ao apresentarem algum dos problemas descritos anteriormente, podem consultar este livro para superar algumas de suas fragilidades, mas devem procurar obras mais completas sobre o que pretendem pesquisar.

Após a escolha do método de pesquisa ideal para responder aos questionamentos do estudo proposto, o "desenho da pesquisa" será o procedimento fundamental para considerar uma coleta e análise de dados de forma simplificada e clara, capaz de fundamentar todo o estudo desenvolvido, assim como suportar as teorias propostas na pesquisa, as quais construíram um conjunto de proposições e dúvidas sobre um argumento e até mesmo um novo contexto.

4.3.1 Sobre procedimento de coleta de dados na pesquisa quantitativa e a pesquisa survey

Aqui serão apresentadas as formas de se fazer um levantamento quantitativo, a partir das seguintes questões: onde e como será realizada a pesquisa? Que tipo de pesquisa? Qual a população? Qual o universo da pesquisa e a amostragem? Quais os instrumentos de coleta de dados e a forma como se pretende tabular e analisar os dados?

Basicamente, em pesquisas quantitativas há dois tipos de cobertura (forma de levantar os dados quantitativos): por meio de censo ou de amostragem. Nos dois casos, é importante conhecer o universo da pesquisa, que é a totalidade de indivíduos (pessoas, objetos etc.) que possuem as mesmas características definidas para um determinado estudo e a população da qual será retirada uma amostra.

Pode-se usar uma pesquisa com todos os elementos da população que compõem o universo de informantes ou pesquisados.

Quando isso ocorre, faz-se um *censo*. No entanto, em pesquisas científicas é muito raro se utilizar essa modalidade de cobertura, por sua dificuldade em relação a tempo e outros recursos, então o mais comum é o uso de *amostragem*, ou seja, um pequeno número de informantes que reflete a totalidade (de forma representativa ou não), dependendo do tipo de amostra utilizada.

Como exemplo, temos o caso do censo populacional que o Instituto Brasileiro de Geografia e Estatística (IBGE) realiza a cada dez anos no Brasil. Para isso, o país é dividido em pequenos conjuntos, chamados *setores censitários*; cada um deles é visitado por um recenseador (entrevistador) que obtém informações sobre todos os moradores de cada domicílio. No entanto, pode-se tentar atingir esse objetivo por meio de uma amostra, ou seja, de um subconjunto dos elementos da população de interesse.

Fora do mundo acadêmico, muita gente já ouviu falar de pesquisas por amostragem, como as de opinião pública, de previsões eleitorais, de estudos de mercado. Essas pesquisas, de alguma forma, alteram algo na vida de muitas pessoas. Elas são conhecidas no meio acadêmico como pesquisas do tipo *survey* e, mesmo com sua ampla utilização, defende Babbie (2003, p. 31), "nenhum *survey* satisfaz plenamente os ideais teóricos da investigação científica".

O método de pesquisa *survey* é relativamente antigo. A diferença entre um censo e um *survey* é que o primeiro faz uma análise de todos os elementos da população; e o segundo analisa uma amostra (parte da população). Babbie (2003, p. 78) informa que um dos primeiros cientistas sociais a realizarem um *survey* foi K. Marx, que enviou 25.000 questionários para operários franceses e, segundo informa o autor, não há registro de que um questionário tivesse retornado ao pesquisador. Outro autor a utilizar o método foi M. Weber, que teria aplicado questionários com operários católicos e protestantes.

A partir daí, institutos de pesquisa de opinião especializaram-se nesse tipo de pesquisa, e centros de estudos nas universidades pelo mundo afora passaram a adotar o método. Em suma, o *survey* passou a ser adotado por empresas e pesquisadores com uma infinidade de objetivos.

Há basicamente dois formatos (desenhos) de *suvey*. Um deles é o *survey* interseccional, que é quando os dados são colhidos num determinado momento. É também conhecido como pesquisa transversal. Já o segundo é o *survey* longitudinal, que se caracteriza pela coleta de dados em um período maior de tempo, ou seja, os dados são coletados em tempos diferentes.

Os estudos longitudinais são basicamente divididos em três tipos: estudos de tendências, estudos de painel e estudos de coortes (BABBIE, 2003).

a) Estudos de tendências: são exemplos típicos as pesquisas eleitorais. A amostra é retirada da mesma população várias vezes, mas é composta de pessoas diferentes. Diversas vezes, durante a campanha eleitoral, amostras são selecionadas. Assim, tem-se uma "tendência" do comportamento de intenção de voto dos eleitores, a partir de várias amostras do mesmo eleitorado, num determinado período de tempo (duração da campanha). No entanto, as pessoas que respondem aos entrevistadores são diferentes, mesmo quando tem o mesmo número de pessoas (eleitores) na amostragem. O exemplo na Figura 4.1, a seguir, mostra graficamente como funciona uma *survey* de tendência.

Figura 4.1 – Estudo *survey* de tendência

População A (100)	População A (100)	População A (100)
Amostra *1A* (20)	Amostra *2A* (20)	Amostra *3A* (20)
Período 1	Período 2	Período 3

Fonte: Adaptado de Farias Filho (2009, p. 128).

b) Estudos de painel: é um estudo dos mesmos elementos da população ao longo do tempo. Portanto, trata-se dos mesmos elementos que compõem a amostra. Nesse tipo de estudo, painel significa o conjunto de elementos que compõem a amostra. São eles que serão acompanhados ao longo do tempo.

Veja, na Figura 4.2, que a amostra é formada pelos mesmos elementos ao longo de cada coleta de dados, diferentemente de uma pesquisa eleitoral em que a composição e não o tamanho da amostra muda (pessoas diferentes em mesma quantidade) e mantém-se o total da população. No caso do painel, a população pode mudar, mas a amostra é formada pelos mesmos elementos e não apenas pelo mesmo número de pessoas. Há alguns estudos de painel que permitem a substituição dos elementos em casos especiais, mas há critérios de exclusão e de inclusão nos painéis, dependendo dos objetivos da pesquisa. No caso de estudos de painel a população pode aumentar ou diminuir, mas a amostra é formada pelos mesmos elementos (os mesmos indivíduos).

Figura 4.2 – Estudo *survey* de painel

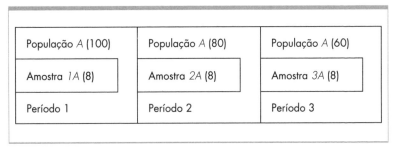

Fonte: Adaptado de Farias Filho (2009, p. 129).

c) Estudos de coortes: descrição de uma mesma população geral ao longo do tempo, embora mudem os elementos da amostra. Veja que, no caso de estudos de tendências, os eleitores em uma determinada eleição não mudam, porque eles só votam se estiverem alistados eleitoralmente numa determinada cidade, estado ou país, portanto, trata-se da mesma população de eleitores que votam e que por isso se buscam informações sobre intenção de votos de uma amostra desses eleitores, mas na amostra é composta por diferentes eleitores em cada levantamento realizado.

No caso do estudo de coortes, a população não é a mesma. Como mostra a Figura 4.3, no primeiro momento em que se seleciona a amostra, ela tem um tamanho A; na próxima seleção, ela passa ao tamanho $A + B$; e, na outra seleção, foram acrescidos novos elementos, e ela passa a ser do tamanho $A + B + C$, modificando a população para a retirada da amostra, incluindo novos elementos para serem selecionados. Portanto, a amostra é diferente porque modifica a chance de cada elemento que compõe a população de ser selecionado como integrante da amostra.

Na Figura 4.3 a população inicial é A; em seguida, foi a ela acrescida a população B; e, em seguida, foi acrescida a população C. Esse acréscimo modifica o tamanho e a composição da população e altera a possibilidade de cada elemento que integra a amostra de ser selecionado, já que o tamanho da amostra é o mesmo em termos de tamanho.

Figura 4.3 – Estudo *survey* de coorte

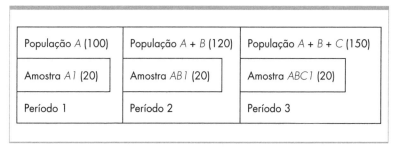

Fonte: Adaptado de Farias Filho (2009, p. 130).

Antes de iniciar nossas considerações sobre amostragem para fins de um *survey*, é importante verificar algumas definições. Para uma amostragem, o elemento é a unidade sobre a qual a informação é coletada, servindo para base da análise. Dizemos, então, que uma amostra é composta por *n* elementos de uma população. Já o universo "é a agregação teórica e hipotética de todos os elementos definidos num *survey*" (BABBIE, 2003, p. 122). Quer dizer que, se o brasileiro individual for o elemento do *survey*, então todos os brasileiros serão o universo.

Quanto à população de um *survey*, dizemos que ela é o conjunto teoricamente especificado de elementos. Nesse caso, há um recorte do universo no tempo ou no espaço. A população de um *survey* é composta de parte do universo. A população é o conjunto de elementos do qual é, de fato, extraída a amostra do *survey*. Ou, como afirma Babbie (2003, p.123): "uma população é uma especificação teórica do universo. Na prática, raramente você pode garantir que todos os elementos que se enquadram nas definições teóricas estabelecidas têm efetivamente chance de serem selecionados para a amostra".

Uma amostra é parte da população cuidadosamente selecionada para representar aquela população. Quando a amostra é do tipo probabilística, cada pessoa dentro da população deve ter uma chance diferente de zero de ser selecionada, ou seja, cada um dos elementos de uma população deve ter a mesma chance de ser selecionado. Digamos que Cláudio faça parte de uma população de 345 pessoas, da qual será extraída uma amostra probabilística simples de três pessoas, por meio de um sorteio (critério aleatório). Então, a chance de Cláudio ser selecionado é de 3 em 345, ou seja, 0,0087 chance. Veja que é diferente de zero, já que a chance zero é igual a nenhuma chance.

Já a inferência é o processo pelo qual se generalizam informações obtidas de uma amostra para a população de onde essa amostra foi selecionada. Um exemplo típico é aquele em que se tenta estimar o número (ou porcentagem) de votos que um candidato vai obter nas eleições, a partir dos dados da amostra selecionada em uma pesquisa eleitoral. Aqui, a população de interesse é

Metodologia da pesquisa: o levantamento dos dados e informações **83**

a constituída por todos os indivíduos (eleitores) que irão votar em um determinado domicílio eleitoral (por exemplo, uma cidade).

Muitas vezes, a população de interesse para o estudo é subdividida em estratos (bairros ou faixas etárias etc.), não só para permitir que se tirem conclusões específicas para cada um deles (porcentagem de jovens com idade entre 18 e 25 anos, favoráveis a um candidato) como também para equilibrar a composição da amostra (não excluir determinada região em que um candidato pode ter alto nível de rejeição ou aprovação).

Nesse processo de generalização, podem-se cometer dois tipos de erro: (a) erros amostrais, oriundos das variações naturais existentes para amostra; (b) erros não amostrais, gerados por inúmeros fatores, como definição inadequada da população, inexatidão das respostas fornecidas pelas unidades selecionadas, problemas de campo etc.

Assim, pode-se dizer que amostras representativas são aquelas em que a proporção de ocorrência desses dois tipos de erro é minimizada, ou pelo menos quantificada previamente. A proporção de ocorrência de erros não amostrais pode ser reduzida, usando-se uma especificação criteriosa da população de interesse, um treinamento apropriado dos entrevistadores, elaboração cuidadosa de questionários etc.

Para quantificar a magnitude e a proporção de ocorrência dos erros amostrais é preciso que as amostras, a partir das quais se fazem as generalizações, sejam selecionadas por meio de métodos probabilísticos, em que todas as unidades da população tenham uma probabilidade conhecida de serem selecionadas para a amostra. A redução dessas grandezas pode ser obtida por uma estratificação conveniente e pelo aumento do tamanho da amostra (muitas vezes, designado por n).

Desse modo, uma amostra pode ser grande, sem necessariamente ser representativa. Além disso, é possível demonstrar que, para obtenção de amostras representativas, o tamanho da amostra é, em geral, mais importante que o tamanho da população.

Desde que planejada criteriosamente, uma amostra de tamanho 2.000 de uma cidade com 100.000 habitantes pode produzir resultados tão confiáveis para estimar a proporção de eleitores dispostos a votarem em um candidato.

Um dos fatores mais importantes na determinação do tamanho da amostra é a homogeneidade dos elementos que constituem a população; quanto mais homogênea, menor o tamanho da amostra necessária à obtenção de estimativas com a mesma precisão. Quando a população não é homogênea, pode-se usar a estratificação da amostra. Uma das finalidades da estratificação é obter subpopulações mais homogêneas e, consequentemente, diminuir o tamanho requerido para a amostra. É por conta da possibilidade de ocorrência dos erros que os resultados de pesquisas realizadas por métodos probabilísticos devem sempre incluir a margem de erro das estimativas.

Já a interpretação de "grau de confiança", aqui, tem uma natureza mais técnica e, essencialmente, isso quer dizer que, ao se repetir esse procedimento de estimação um grande número de vezes, em 95 de cada 100 (por exemplo), estará se fazendo uma afirmação correta. Assim, diz-se que o coeficiente de confiança do procedimento é de 95%.

Dentre esses métodos probabilísticos de seleção de amostras, destaca-se o conhecido como *amostragem domiciliar*, em que, a partir de uma lista de domicílios da região de interesse, sorteiam-se, usando-se técnicas apropriadas, aqueles que serão visitados por pesquisadores para obtenção das informações de interesse.

Outro método bastante utilizado é o chamado de *amostragem por quotas*, em que se especificam, *a priori,* quantidades de unidades amostrais a serem entrevistadas (200 jovens na faixa etária de 18 a 25 anos, com ensino médio completo), que são selecionadas dentre os transeuntes que passam num determinado local (ponto amostral). Nesse último caso, é mais difícil especificar a probabilidade de cada unidade da população ser selecionada para a amostra; contudo, mesmo assim, é comum utilizar a mesma

Metodologia da pesquisa: o levantamento dos dados e informações **85**

técnica estatística empregada para amostras probabilísticas, sob a suposição de que todas as possíveis seleções são equiprováveis.

Se a definição de *survey* é um tipo de estudo com amostra, então é necessário verificar os tipos diferentes de amostras. Os métodos de amostragem são divididos em dois; são eles: (a) amostras probabilísticas; (b) amostras não probabilísticas.

Amostra probabilística é um procedimento controlado e aleatório que assegura que a cada elemento da população seja dada uma chance de seleção diferente de zero. E pode ser:

a) amostra simples: quando cada elemento da população tem oportunidade igual de ser incluído na amostra, e todos os elementos são considerados homogêneos (iguais). Por isso, a amostra é retirada do total dos elementos;

b) amostra complexa: quando envolve outros procedimentos ou fases de amostragem. Podem ser:

b.1) amostra estratificada: uma técnica de amostragem em que cada estrato, definido previamente, estará representado na amostra. Cada estrato é heterogêneo externamente; e homogêneo, internamente. Exemplo: estudantes de semestres diferentes e de cursos diferentes da universidade;

b.2) amostra por conglomerado ou agrupamento: reunião de amostras representativas de uma população. Parte-se de um conjunto maior para juntar, em um conjunto menor, elementos da população. Exemplo: estudantes de semestres iguais e de cursos diferentes da universidade;

b.3) amostra dupla: um procedimento para selecionar uma segunda amostra, para estudos adicionais, também conhecida como sequencial ou multifásica. Seleciona uma amostra e, em seguida, desta se seleciona outra amostra, ou seja, são duas ou mais fases de seleção amostral.

As amostras *não probabilísticas* são procedimentos não aleatórios, nos quais cada elemento da população não tem uma chance conhecida de ser incluído na amostra (diferente de zero), uma vez que a probabilidade de selecionar elementos da população é desconhecida. Portanto, são amostras intencionais. Os elementos são intencionalmente selecionados para comporem a amostra da população que se quer conhecer, porque há uma impossibilidade de se enumerarem os elementos da população para, assim, usar um critério aleatório (sorteio ou outro critério) que assegure uma chance diferente de zero para seus elementos na seleção da amostra.

Um *survey* deve ser baseado numa amostra representativa da população que se quer estudar, e mesmo que essa representatividade não seja possível, isso não invalida os resultados de um *survey*. No entanto, há limites para a generalização de seus resultados. Em pesquisas com uso de amostra é necessário um grande esforço para se ter representatividade da população, daí a tentativa de amostras do tipo probabilístico. No entanto, quando não for possível, faz-se uso dos tipos não probabilísticos. Babbie (2003, p. 155) adverte que "escolher um modelo de amostragem não probabilístico jamais pode ser desculpa para a preguiça", ou seja, deve-se tentar a representatividade por meio de amostras probabilísticas.

As amostras *não probabilísticas* podem ser:

a) <u>Amostras por conveniência ou acidentais</u>: compostas por acaso, com pessoas que vão aparecendo, facilmente acessíveis ao pesquisador. São recomendadas em casos especiais e restritos. Esse tipo "só se justifica se você quiser estudar as características de pessoas passando naquele ponto em particular em horas determinadas" (BABBIE, 2003, p. 155).

b) Amostras por quotas (cotas) proporcionais à população: tipo de amostragem proposital em que características relevantes são usadas para estratificar a amostra, na mesma proporção em que estão dispostas na população total. Partem do conhecimento prévio da composição da população total, levando em consideração as variáveis que irão compor a amostra (sexo, idade, escolaridade, renda etc.).

c) Amostras por julgamento ou intencionais: escolhidos casos para a amostra que representem o "bom julgamento" do universo, para atender a alguns critérios. Parte-se do conhecimento prévio da população e dos seus elementos. Nesse tipo de amostra, busca-se selecionar as pessoas que julgamos conhecer mais sobre o que pesquisamos, ou ainda que sejam convenientes por serem mais adequadas aos objetivos da pesquisa.

d) Amostra "bola de neve": podem, inicialmente, usar a técnica probabilística de seleção e, em seguida, o primeiro informante indica quem será(ão) o(s) próximo(s) informante(s) com base em características similares. Por exemplo, a primeira pessoa selecionada indica mais duas pessoas que atendam às necessidades da pesquisa, e cada pessoa indicada, por sua vez, indica mais duas com as mesmas características. Assim, o número de pessoas cresce como uma "bola de neve". Usa-se esse tipo de amostra quando se tem dificuldade de acesso aos informantes; por isso a estratégia de o primeiro informar os demais.

Quadro 4.4 – Tipos de amostra

Probabilística	Não probabilística
1. Aleatória simples	1. Por conveniência

2. Aleatória complexa
  2.1. Sistemática
  2.2. Por conglomerado
  2.3. Estratificada
  2.4. Dupla
	2. Intencional
	  2.1. Por julgamento
	  2.2. Por quota proporcional (cota)
	  2.3. Bola de neve

Fonte: Adaptado de Dencker (2004); Cooper e Schindler (2003).

Em pesquisas na área de marketing, normalmente são utilizadas duas formas de representar a amostragem do estudo. Elas podem ser realizadas como sendo não probabilísticas por conveniência ou julgamento, nas quais o pesquisador decide o número de respondentes que podem explicar o resultado de seu estudo. Normalmente, em estudos internacionais nessa área, para questionários de referência (estudos pilotos ou referenciais) são utilizados entre 70 e 100 respondentes para delimitar uma primeira construção de estudo e após isso se utilizam entre 100 e 150 para estudos centrais ou de variância. É muito comum que autores de marketing utilizem 5 respondentes para cada questão envolvida no questionário, ou seja, um questionário com 30 questões precisaria de 150 respondentes.

A outra forma mais usada e detalhada para pesquisa de mercado, diferente da forma não probabilística utilizada em pesquisa científica, é calcular exatamente a amostra necessária para resultar o número de respondentes para a pesquisa. Essa amostragem probabilística utiliza a curva de Gauss para definir inicialmente o desvio-padrão do estudo (Figura 4.4). Para efeito de cálculo de amostras, considera-se uma distribuição normal de frequência (curva de Gauss), onde: 1 de desvio-padrão representa 68% da área sobre a curva (A), ou abrange 68% dos elementos acima e abaixo da média, 2 de desvio-padrão representará 95,5% (B) da distribuição e 3 de desvio-padrão incluirá 99,7% (C) da distribuição.

Quanto maior for a margem de segurança (intervalo de segurança), maior será a amplitude da pesquisa (indivíduos a serem pesquisados). O Quadro 4.5 representa a utilização normal em pesquisas de marketing quanto a margem de segurança e respectivos desvios-padrão:

Figura 4.4 – Curva de Gauss para cálculo amostral

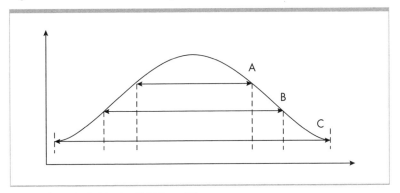

Fonte: Adaptada de Noether (1983, p. 40).

Quadro 4.5 – Relação entre a margem de segurança e o desvio-padrão para cálculo do valor de amostras

Margem de Segurança	Desvio-Padrão
68%	1
95%	1,96
95,5%	2
99,7%	3

Fonte: Adaptado de Bunchaft e Kellner (1997, p. 155).

Outro fator importante a ser levado em conta é a variância (desvio quadrático médio da média), o qual deve ser estimado dado que não se consegue identificar, antes de realizar uma pesquisa, quem será favorável e quem não será. Dessa forma, estima-se a variância para uma análise de 50% das pessoas entrevistadas sendo favoráveis e 50% sendo desfavoráveis. Com isso, duas são as fórmulas para estimar o número de amostras para uma determinada pesquisa. Quando o universo é desconhecido, utiliza-se:

$$n = \frac{(S \times Z^2)}{e^2}$$

Sendo n o número de amostras, Z a margem de segurança, e a margem de erro e S a variância, calcula-se n da seguinte forma. Como a variância é calculada com 50% de favoráveis e 50% de desfavoráveis, multiplica-se 0,5 por 0,5 e obtém-se 0,25 como sendo a variância. No caso da margem de segurança ser de 95% e a margem de erro ser de 10% para um universo desconhecido, o número da amostra necessária para esses dados seria de:

$$n = \frac{(0,25 \times 1,96^2)}{0,1^2} = \frac{0,25 \times 3,8416}{0,01} = 96,04$$

Caso a margem de erro fosse de 5%, o número de amostras subiria para 384 respondentes. Com isso, é importante delimitar bem as margens e segurança com que se pretende focar o estudo. Quando o universo é conhecido, a fórmula muda para:

$$n = \frac{(S \times Z^2 \times N)}{(S \times Z^2) + (e^2 \times (N - 1))}$$

Utilizando o mesmo exemplo anterior onde não se conhecia o universo (N), porém com um valor agora de 4.000 possíveis participantes da área de estudo, o resultado seria:

$$n = \frac{(0,25 \times 1,96^2 \times 4000)}{(0,25 \times 1,96^2) + (0,1^2 \times (4000 - 1))} =$$

$$= \frac{3841,6}{(0,9604) + (39,99)} = 93,81 \cong 94 \text{ respondentes}$$

Caso a margem de erro fosse necessária como sendo 5%, isso resultaria em $n = 351$ respondentes. Logo se verifica que, quanto menos erro busca-se nos resultados, mais alto é o número de respondentes para desenvolver na pesquisa.

4.3.2 Sobre a coleta de dados/informações na pesquisa qualitativa

Até aqui as explanações foram centradas em pesquisa com abordagens quantitativas do tipo levantamento ou *survey*. Esta parte passa a tratar de métodos, técnicas e procedimentos para serem usados em pesquisas qualitativas. No entanto, é importante que se tenha ideia de que uma pesquisa ou uma abordagem qualitativa está centrada nas análises de fontes de evidências e em procedimentos diversificados, portanto, bastante complexos e de difícil operacionalização. Também é necessário compreender que a subjetividade do pesquisador e do pesquisado sempre estará presente e pode representar um limite para os resultados da pesquisa, por correr o risco de apresentar viés ou ser tendencioso para um dos lados.

Comumente, as principais abordagens usadas para desenvolver pesquisas não quantitativas (ou qualitativas) são: (a) pesquisa-ação; (b) *grounded theory*; (c) estudos etnográficos; (d) estudos de caso. No entanto, uma boa estratégia de pesquisa é fazer o que se chama de combinação de métodos ou triangulação (*triangular* quer dizer combinar métodos/técnicas), cujo objetivo é dar mais confiabilidade aos dados e às informações. Uma boa estratégia para tratamento dos dados e das informações geradas na pesquisa pode ser:

a) Seleção dos resultados encontrados: etapa em que se tenta simplificar o volume de informações que se tem e, a partir daí, transformar "dados brutos" em dados selecionados para serem analisados que sejam capazes de dar sentido e coerência ao que se pretende responder com a pesquisa.

b) Apresentação dos resultados: etapa em que se busca tomar uma decisão do que fazer com os dados/informações, o que analisar primeiramente, quais as formas de melhor apresentá-los (de forma narrativa, por meio de matriz, gráficos, esquemas conceituais etc.).

c) Preparação da conclusão: etapa em que se busca a identificação dos possíveis resultados similares ou padrões de resposta à pergunta de pesquisa, configuração e relação de causa-efeito; em seguida, prepara-se uma matriz de comparação com a literatura e a teoria.

Para iniciar, será apresentado o método ou técnica mais tradicional e que deu início à ciência moderna, que é a observação.

4.3.2.1 O uso da observação na pesquisa qualitativa

Pesquisa com observação se dá quando se utilizam os sentidos na obtenção de dados de determinados aspectos da realidade. A observação é uma forma de registrar informações, atos e fatos que não seriam possíveis por meio de questionamentos diretos (entrevistas). Isso acontece porque nem sempre as pessoas estão dispostas a prestar informações. A observação pode ser efetivada de forma disfarçada ou revelada ao observador. No entanto, a captação de alguns eventos pode levar um tempo longo, em várias sessões de observação.

Grande parte das pesquisas pode, pelo menos no estágio exploratório, usar a observação para evitar certos erros na elaboração de hipóteses. A observação passa a ser a opção metodológica de estudo, quando se pretende verificar o objeto no seu estado natural, tanto quanto as pessoas que integram esse ambiente-objeto de investigação. Há várias formas de observação:

a) assistemática (ou livre): não tem planejamento e controle previamente elaborados do que vai ser observado;

b) sistemática: tem planejamento, realiza-se em condições controladas para responder aos propósitos preestabelecidos pela pesquisa;

c) observação participante: o pesquisador participa do grupo pesquisado como integrante, membro do grupo ou evento a ser observado;

d) não participante: o pesquisador presencia o fato, mas não participa dele;

e) individual: realizada por um pesquisador;

f) em equipe: feita por um grupo de pessoas;

g) na vida real: registro de dados à medida que ocorrem;

h) em laboratório: onde tudo é controlado para ser realizada a observação.

Na maioria das pesquisas exploratórias, é usada a observação livre. Ela é feita de forma não padronizada. A percepção do pesquisador é que vai comandando as etapas. O fenômeno vai se revelando a cada momento da observação, seja ela feita em um breve período de tempo, seja em um longo período, seja a observação feita em uma só sessão, seja em várias.

Já a observação sistemática merece destaque para alguns cuidados adicionais, como a necessidade de procedimentos padronizados de coleta; observadores treinados para registro de informações; um sistema de codificação das observações e dos registros. Nesse tipo de pesquisa, a lista de verificação dos quesitos a serem observados (roteiro de observação) é de fundamental importância. Trata-se de um instrumento similar a um questionário, com um grau de precisão para permitir registrar comportamentos ou atos relevantes, de preferência com uma codificação fechada para facilitar o preenchimento. O número de observadores deve ser compatível com o volume de itens, de eventos a serem observados no ambiente.

Para qualquer tipo de observação, o pesquisador deve ter as seguintes habilidades:

a) capacidade de concentração, mesmo quando o ambiente possibilita distrações;

b) atenção a detalhes que se mostram sem importância para um observador qualquer;

c) capacidade de se "misturar" com o ambiente, sem ser notado;

d) capacidade de atribuir importância a fatos e/ou atos aparentemente irrelevantes;

e) condição de se manter isento, sem juízo de valor na observação, para que não supervalorize e/ou menospreze fatos e atos;

f) ter preparo psicológico para enfrentar condições adversas, cansaço mental, desgaste físico, situações degradantes ou perigosas etc.

Para que tudo isso ocorra de forma aceitável pelos critérios de cientificidade, devem ser previamente definidas e coerentemente justificadas as amostras de tempo de observação. Ou se a amostra de tempo de observação é contínua, ou fragmentada em intervalos (pequenos ou grandes).

Seja qual for a opção, deve-se: (a) registrar o tempo de cada sessão de observação; (b) cada evento importante deve ser anotado com destaque e seu tempo transcorrido registrado (se for o caso); (c) definir cada sessão de tempo para a observação e se ela será regular ou não (tempo fixo); (d) definir quem observa "o que" e "quando" (para trabalhos em equipe); (e) estabelecer quais os pontos (locais) de observação e o tempo destinado para cada local (se for o caso); (f) decidir o tipo de observação e os instrumentos mais adequados para cada tipo.

Quando usar a observação para levantar informações para sua pesquisa? (a) quando for necessário o distanciamento do objeto pesquisado; (b) quando o respondente resiste e/ou não responde livremente a uma entrevista; (c) quando houver necessidade de registrar detalhes (fatos, ambiente, interação, comportamentos); (d) quando houver acesso limitado ao respondente.

Na observação para levantamento de dados e informações, temos dois instrumentos comumente utilizados. No entanto, seus usos ocorrem de acordo com as estratégias de pesquisa adotadas. São eles:

1. Roteiro de observação: seja pela observação participante (quando o pesquisador comporta-se como uma pessoa que faz parte do coletivo estudado), seja pela não participante (quando ele apenas observa, sem interação com os observados), o roteiro de observação tem a mesma finalidade: registrar os atos e/ou fatos no momento em que ocorrem e da forma como correm.

2. Caderno de campo: é o instrumento mais adequado para registro, pois o roteiro é apenas um guia para orientar a sequência dos fatos a serem observados e registrados. Porém, num procedimento de observação, muitas ocorrências são novas e precisam ser registradas e o roteiro continua sendo indispensável. Hoje, com a tecnologia disponível, é possível se fazer imagem com câmeras portáteis, o que auxilia no registro e

apresenta-se como um complemento ou substituto ao caderno de campo.

A observação é uma forma de levantamento que, como outros métodos e técnicas, tem sua abrangência e seus limites. Podemos chamar de pontos positivos da observação na pesquisa científica (a) a facilidade de detectar o comportamento espontâneo dos pesquisados; (b) facilidade de uso para pesquisas que demandem informações de pessoas com dificuldade de se expressar livremente, como crianças, ou ainda levantar informações em situações que outras formas de abordagens diretas não permitem.

A observação também tem suas dificuldades, como (a) fica suscetível às interpretações subjetivas do pesquisador; (b) apresenta dificuldades de generalização dos seus resultados, por isso é muito adequada para complementação de outros métodos e técnicas; (c) não consegue detectar, por si só, motivações e intenções dos pesquisados.

4.3.2.2 O uso da entrevista na pesquisa: formas e procedimentos

A entrevista é uma forma de obtenção de informações de um entrevistado, sobre determinado assunto ou problema que se quer conhecer. Conforme explicam Arnoldi e Rosa (2008, p. 16), trata-se de "discussão orientada para um objetivo definido, que, através de um interrogatório leva o informante a discorrer sobre temas específicos".

Há formas diferentes de obter informações por meio de entrevistas. Cada forma recebe uma denominação; são elas: livre, estruturada e semiestruturada. A entrevista estruturada (com o uso do roteiro) é a mais usada e se utiliza esta forma quando se quer extrair do entrevistado informações mais delicadas e que permitam fazer análises e explicações de fatos relevantes para pesquisa. Seu uso também tem relação com o tipo de informante (perfil socioeconômico e profissional etc.). Seu tamanho (número de perguntas) deve ser adequado ao informante, devendo-se evitar roteiros longos.

A entrevista pode ser usada em pesquisas em que sejam necessários: (a) informação dada pelo respondente; (b) informação rápida; (c) necessidade de captar informações sobre opiniões, expectativa, motivação, informações passadas etc. Assim, para entrevista estruturada é necessária a utilização de um roteiro (conjunto ordenado de perguntas), que é o instrumento de coleta de informações.

Como todo instrumento de pesquisa, o roteiro de entrevista deve ser testado e validado em sua versão final. Podem-se explorar mais amplamente algumas questões ou simplesmente se fazerem perguntas sobre um tema.

O que interessa é descobrir o que pretende a pesquisa. Entretanto, com o uso de um roteiro fica mais difícil o entrevistado narrar. Daí entra a habilidade do pesquisador de ir perguntando e direcionando para seu objetivo. Portanto, trata-se de uma entrevista com várias perguntas, diferentemente da entrevista livre, que geralmente tem apenas uma grande pergunta geral.

Arnoldi e Rosa (2008) indicam os principais tipos de entrevista, definidos a partir de seus objetivos. São eles:

a) **Entrevista estruturada**: é um conjunto de perguntas numa sequência com linguagem direta voltada à obtenção da informação desejada pelo entrevistador. Nesse tipo, é usado como instrumento o roteiro e, dependendo do informante (o entrevistado), o gravador de voz para auxiliar na coleta de informações. A entrevista estruturada recebe esta denominação por se desenvolver com base num roteiro previamente elaborado. Trata-se de um conjunto de perguntas que atendem aos objetivos da pesquisa e buscam obter respostas para as questões de pesquisa. O uso de um roteiro é obrigatório, pois dá pouca margem para que o entrevistado alongue-se nas respostas.

Para a condução de uma entrevista com uso de roteiro são necessários alguns cuidados. O primeiro deles é memorizar bem as perguntas para evitar que elas sejam lidas em frente do entrevistado; o segundo é fazer com que o roteiro seja apenas um guia para as perguntas e, quando necessário, simplificar-se o vocabulário (uso de uma linguagem menos técnica) para que o entrevistado compreenda o que se pede dele; terceiro seguir fielmente o conteúdo do roteiro, pois a simplificação de vocabulário não pode desviar as perguntas do roteiro.

b) **Entrevista semiestruturada**: é o tipo de entrevista em que as questões são mais abertas e exigem respostas com maior profundidade. As questões seguem um formato mais "flexível" e a dinâmica ocorre por conta do entrevistado, mas pode ser redirecionada pelo entrevistador. Basicamente se tem um conjunto pequeno de perguntas que são redirecionadas de acordo com o respondente, suas respostas e os objetivos da pesquisa. O entrevistador formula as perguntas que tem em seu roteiro (estrutura de perguntas) e poderá fazer outras perguntas que não constam no roteiro, de acordo com as respostas obtidas, fugindo assim da rigidez da estrutura de perguntas, pois o comportamento do entrevistado e sua intenção em colaborar podem modificar a estrutura de perguntas. Por isso essa entrevista é chamada de semiestruturada, pois apresenta a necessidade de perguntas encadeadas a outras sem que se prevejam quais perguntas serão estas, por isso não podem fazer parte previamente de um roteiro.

Para o uso de entrevistas desse tipo sugere-se que o entrevistador faça gravação da entrevista (claro, com permissão prévia do entrevistado), já que novas perguntas sempre serão feitas de forma inesperada e ao final o entrevistador deve ter um registro de tudo que foi perguntado por ele. É uma forma de entrevista muito dinâmica e a cada resposta dada novas perguntas podem ser feitas e nunca se sabe que direcionamento a entrevista terá, por isso devem-se registrar as perguntas que são feitas quase que de "improviso". Nesse tipo, pode haver um redirecionamento de perguntas (perguntas novas) a cada momento em que o entrevistado seguir outra direção que não seja a desejada pelo entrevistador e constante no roteiro.

c) **Entrevista livre:** é feita por meio de um relato oral, que coleta informações do entrevistado de forma livre. Geralmente tem início com apenas uma pergunta feita pelo entrevistador. Neste tipo a narrativa deve ser o objetivo de quem pesquisa, por isso é livre. As informações ordenadas ou não, numa sequência temporal ou não, ficam em segundo plano. O pesquisador tem que aproveitar ao máximo as informações e só depois se preocupar com a organização delas. O que ele pode é redirecionar a pergunta, caso necessário, para que atenda aos objetivos da pesquisa.

Outras classificações de tipos de entrevista são encontradas na literatura sobre pesquisa qualitativa, mas, seja qual for o tipo de entrevista, é necessário verificar quais instrumentos são mais adequados a cada tipo e qual tipo é mais pertinente aos objetivos da pesquisa.

Para que uma entrevista alcance seu objetivo, ou que o pesquisador consiga as respostas que pretende com o uso dessa técnica, é necessário o emprego do roteiro de entrevista, quando se tratar da estruturada ou da semiestruturada. Um roteiro é uma sequência lógica de perguntas que o entrevistado terá que responder. Ele deve ter questões direcionadas para que o entrevistado fale apenas o que se espera dele, sem que restrinja sua vontade de falar. Para isso, deve-se verificar se outros recursos serão necessários para auxiliar o entrevistador, como o uso do gravador de voz, o caderno de anotações, ou se as respostas serão transcritas no próprio roteiro. Seja qual for o caso, esses recursos são parte da estratégia de campo, e seus resultados devem estar relacionados aos objetivos da pesquisa.

Assim como apresenta vantagens a entrevista também tem suas desvantagens. As vantagens do uso da entrevista em pesquisas científicas são: (a) o controle dos respondentes, quando se usa a entrevista pessoal; (b) possibilidade de melhor elucidar as dúvidas do entrevistado em assuntos ou palavras que não ficam bem compreendidas; (c) possibilidade de levantar informações mais profundas e complexas, que exigem maior tempo em contato com o entrevistado e também pela riqueza das informações; (d) a entrevista é útil para detectar motivações, atitudes, intenções etc. dos entrevistados.

Já entre aos pontos desfavoráveis da entrevista na pesquisa qualitativa estão: (a) por exigir maior tempo para sua operacionalização, a entrevista eleva o custo da pesquisa, quando comparada a outras técnicas; (b) há restrições de uso para pessoas que dificultam o repasse de informação; (c) por se tratar de uma aproximação pessoal entre pesquisador e pesquisado, nem sempre a relação de confiança se estabelece, exigindo mais treinamento de pessoas para a função de entrevistador; (d) dificuldades de detectar, apenas com as informações dadas, a veracidade das informações; (e) muitas vezes o informante (entrevistado) tem menor confiança no anonimato de suas informações, por isso limita as informações ou simplesmente omite fatos importantes.

4.3.2.3 Utilizando a pesquisa documental

Esse método/técnica é muito usado nas áreas de história e direito. Constitui-se numa forma de levantamento em fontes escritas e tem como fundamento trabalhar as fontes de evidências que o pesquisador precisa para responder a suas questões de pesquisa. Esta forma de pesquisa pode ser uma fonte auxiliar de complementação de dados ou uma pesquisa pode se desenvolver apenas tendo como fonte documentos. Seja de que forma forem utilizados, os documentos devem ser bem analisados, pois as informações contidas nos documentos podem revelar novidades ou fatos não esperados ou ainda serem capazes de mostrar o que outras fontes não revelam.

A pesquisa documental utiliza a análise de conteúdo como método/técnica, já que os documentos são fontes do conteúdo da análise. Nesse tipo de pesquisa se analisa um texto, e este é um texto documental (o documento); contudo, para a pesquisa documental, o autor da pesquisa utilizou as fontes documentais que estavam guardadas, catalogadas, arquivadas em algum lugar (físico); então, o que é fonte para uma pesquisa é objeto de análise para outra. Por exemplo, em uma pesquisa documental que tenha como fonte os arquivos, a unidade de análise será uma parte dos documentos do arquivo (trechos, frases, palavras etc.), e o nível de análise é o documental.

Ao se ler um documento e definirem quais os pontos mais importantes de um documento, o pesquisador deve fazer uma análise das informações e em seguida desenvolver uma matriz de análise que permita: (a) comparar o conteúdo das informações com os objetivos da pesquisa e as questões de pesquisa; (b) uma comparação com os argumentos e conclusões dos principais autores das obras consultadas na literatura sobre o assunto; (c) verificar se os conceitos, categorias e variáveis do referencial teórico de alguma forma se manifestam (não da mesma forma nem com as mesmas palavras) no conteúdo dos documentos; (d) preparar uma série de conclusões com base na comparação com os autores da literatura que trata do assunto/tema pesquisado e com o referencial teórico. Neste caso, a matriz pode ser adequada para em seguida preparar os argumentos para a discussão dos resultados da pesquisa e para as conclusões parciais e finais.

No entanto, essas orientações, embora gerais e obrigatórias para o uso do método/técnica, nem sempre são tão simples, pois dependem de vários fatores que devem ser verificados antes de se iniciarem os trabalhos de pesquisa e de consulta aos documentos. São eles:

a) Verificar se os documentos a serem consultados são de fácil acesso ou de domínio público e buscar mais informações sobre a fidedignidade deles e ainda sobre o volume desses documentos (quantidade, paginação, formas de manuseio, limites quanto a seu uso e manuseio, restrição à reprodução de cópias dos documentos etc.).

b) Observar se os locais de acesso aos documentos são propícios à consulta: se é possível a consulta dos documentos no próprio local; se há facilidade de consulta e leitura; se os documentos precisam ser retirados do local; se há outras limitações quanto ao manuseio no próprio local do documento e identificar quais.

c) Verificar a possibilidade de "estimar", através de uma busca exploratória para leitura e análise dos documentos, o tempo para a análise de cada documento. Por exemplo, uma pesquisa que vise analisar 235 processos em um arquivo e se cada processo tem em média 30 páginas que devem ser lidas atenciosamente, então se deve estimar o tempo gasto para a análise do total de processos e verificar quantos horas/dias são necessários para a conclusão da pesquisa.

d) Verificar se os documentos são padronizados para auxiliar na estimativa de tempo (como prevê o item anterior) e na confecção da matriz de análise e também observar se o conteúdo a ser pesquisado permite fazer comparações entre os documentos.

e) Ao finalizar a consulta dos documentos, é necessário organizar o material pesquisado e selecionar os trechos mais relevantes para serem descritos no relatório, e isso pode ser feito por meio de uma segunda matriz comparativa, em que se colocam os trechos selecionados (em poucas linhas) e trechos da teoria e literatura utilizados como fundamento para as análises dos resultados. Também é possível se colocar uma matriz que faça uma comparação entre os trechos retirados dos documentos e a teoria e literatura e se incluam sugestões ou conclusões.

Seja como for, ao se pensar em fazer uma matriz, ela pode ser desenvolvida para comparação com informações dos próprios documentos e/ou com outros elementos (teoria, literatura, objetivos, questões); ou para análise dos resultados encontrados em outras fontes usadas pelo pesquisador (informações geradas por entrevistas, dados gerados por questionários etc.) ou ainda para elaborar conclusões e /ou sugestões e recomendações.

O Quadro 4.6 mostra um exemplo de matriz de análise, sendo que os elementos a serem analisados estão na primeira linha do quadro e na segunda linha a seta pontilhada mostra a sequência da análise a ser feita. Já o Quadro 4.7 apresenta uma segunda matriz que pode ser auxiliar da primeira ou é possível, dependendo da pesquisa, juntar todos os elementos numa só matriz.

É possível também elaborar outra matriz (ou quantas forem necessárias) para inserir outras informações/dados coletadas (evidências empíricas) e compará-las com argumentos da literatura sobre o tema ou ainda com determinados conceitos e/ou categoria da teoria de base analítica.

Quadro 4.6 – Matriz preliminar de análise documental

Questões de Pesquisa	Trecho do Documento	Objetivos da Pesquisa
◄----------------	----------------------------	---------------►

Fonte: Os autores.

Quadro 4.7 – Matriz complementar de análise documental

Categorias, Conceitos e Variáveis da Teoria	Elementos da Literatura	Trecho do Documento	Conclusões	Sugestões
◄-------	--------	--------------------	--------------	---►

Fonte: Os autores.

104 Planejamento da pesquisa científica • Farias Filho e Arruda Filho

4.3.2.4 O grupo de foco ou grupo focal na pesquisa

É uma forma rápida, prática e fácil de colocar os pesquisadores diante dos pesquisados. É um grupo de discussão informal e de tamanho reduzido, com o objetivo de obter informações qualitativas em profundidade e abertamente. Para Krueger (1994), são pessoas reunidas em uma série de grupos com certas características e que produzem informações qualitativas sobre uma discussão focalizada.

Na literatura especializada há diversas definições para *grupo focal* ou *grupo de foco*. Entre elas há a de Morgan (1996, p. 130), que define como "uma técnica de pesquisa para coletar dados através da interação do grupo sobre um tópico determinado pelo pesquisador". Por sua vez, Oliveira e Freitas (1998, p. 83) destacam que se trata de um "tipo de entrevista em profundidade realizada em grupo, cujas reuniões apresentam características definidas quanto à proposta, tamanho, composição e procedimento de condução. O foco ou o objetivo da análise é a interação dentro do grupo". Já Vergara (2012, p. 56) afirma: "é um grupo reduzido de pessoas com as quais o pesquisador discute sobre o problema a ser investigado, de modo a obter mais informações sobre ele, dar-lhe um foco, um aprofundamento".

O grupo de foco pode ser considerado uma técnica de pesquisa ou um método. Não entraremos na discussão, apenas trataremos de seu funcionamento e aplicabilidade. Basicamente os grupos de foco têm dois tipos de uso: em pesquisas sociais e nas de mercado. No primeiro, é uma forma de observar o posicionamento dos participantes selecionados para responderem a determinadas questões para que possam ser teoricamente analisadas. No segundo, é uma forma de busca imediata de respostas com o objetivo de compreender posicionamentos, comportamentos e motivações do grupo com finalidades aplicadas ao mercado.

Há duas formas de grupo. A primeira, em que se mantêm os mesmos participantes com temas diferentes e/ou aprofundamento do mesmo tema a cada reunião; a segunda, em que se mantém o mesmo tema, mas mudam os componentes do grupo. Entretanto, busca-se fazer uma forma mista, de acordo com os propósitos da pesquisa.

A caracterização de como planejar um grupo de foco aqui apresentada foi feita com base em Krueger (1994), Morgan (1996), Ribeiro e Milan (2004), Malhotra (2006). Para melhores esclarecimentos, é necessário um estudo mais aprofundado sobre o assunto em obras específicas sobre o tema. As obras aqui referenciadas indicam que para a realização de um grupo de foco os seguintes cuidados, são necessários:

a) Tamanho do grupo: entre oito e 12 pessoas por grupo. Com menos de oito, corre-se o risco de perda do dinamismo que se pretende nas discussões. Em grupos com mais de 12, arrisca-se tornar o debate disperso e dificultar o controle na direção que a pesquisa objetiva.

b) Composição do grupo: homogênea ou heterogênea, dependendo dos objetivos da pesquisa. Mas devem-se evitar pessoas que tenham participado de outros grupos focais. Pode-se ter um grupo para discutir um tema; vários grupos para vários temas; um grupo para vários temas; vários grupos para um tema. Mais uma vez, os objetivos da pesquisa são mais importantes e é com base neles que se justifica o foco do estudo e a composição dos grupos que darão as informações necessárias e os critérios de seleção dos participantes nos grupos, seus perfis e o conteúdo da discussão do grupo.

c) Local: descontraído, confortável, propício à participação de todos e capaz de promover a manifestação de opiniões, captar crenças, sensações, ideias, atitudes; percepções etc.

d) Duração: em média, a duração de uma reunião é de uma a três horas; tempo suficiente para os registros das informações e das percepções que se desejam para fins de pesquisa.

e) Quantidade de reuniões: dependendo dos objetivos da pesquisa, podem-se fazer quantas reuniões forem necessárias, mas a literatura recomenda no máximo três.

f) Registro das informações: de preferência, um gravador de voz e uma filmadora, além de anotações em caderno.

A composição do grupo de pesquisadores para conduzir uma sessão de um grupo focal deve ter, pelo menos, de três pessoas, com as seguintes funções:

a) mediador: responsável pela motivação da participação, intervenção, interação com os participantes, controle etc.;

b) relator: deve anotar o que se discute, identificando as falas, registrar linguagens, tons, expressões etc.;

c) observador: responsável por analisar e avaliar o processo de condução do grupo e dos pesquisadores.

Nos grupos de foco, os pesquisadores podem utilizar a tecnologia de imagem para registro, assim como a gravação de voz dos participantes, desde que com permissão dos pesquisados. Como técnica, contam com um roteiro de debate que deve ser desenvolvido de acordo com os objetivos da pesquisa.

Para o planejamento das atividades é necessário seguir alguns procedimentos ou etapas. Oliveira, Leite Filho e Rodrigues (2007) indicam a seguinte sequência de procedimento:

a) Escolha dos participantes: por se tratar de uma abordagem qualitativa, as pessoas que formam o grupo não precisam ser estatisticamente representativas da população estudada, mas devem ser conhecedoras dos

Metodologia da pesquisa: o levantamento dos dados e informações **107**

problemas que se pesquisam. Portanto, devem-se estabelecer previamente critérios de inclusão das pessoas nos grupos.

b) Agenda e horário: é importante o agendamento prévio das reuniões com um bom prazo de antecedência e a confirmação alguns dias antes.

c) Local das reuniões: é necessário um local apropriado à reunião (climatização, mesa e cadeiras confortáveis etc.).

d) Roteiro das questões: o mediador explica os objetivos da pesquisa, verifica se os participantes (um por um) têm a intenção de colaborar e solicita que se inicie a discussão sobre o assunto. É necessário sempre um roteiro de questões ou de temas/ideias a serem apresentadas ao grupo.

e) Forma de registro dos dados: é muito difícil escrever acompanhando o ritmo em que uma pessoa está falando, fazer questões e acompanhar o andamento das discussões; por isso, recomenda-se o uso de outros instrumentos de registro das informações, como a gravação ou a filmagem. Mas as duas formas de registros devem ser autorizadas pelos participantes da reunião.

As etapas para o bom desenvolvimento de um grupo de foco são indicadas por Ribeiro e Ruppenthal (2002):

a) primeira etapa: definir claramente os objetivos do estudo e identificar o público a ser estudado;

b) segunda etapa: definir o número de sessões, local, dia e hora delas; verificar a infraestrutura necessária; definir as formas de registro das informações; escolher a equipe de pesquisadores e o papel principal (que é o de moderador das sessões); definir o número de participantes por sessão; estabelecer o perfil dos participantes; escolher a forma de seleção e o convite para os participantes dos grupos;

c) terceira etapa: elaborar o roteiro das questões que serão feitas para os convidados (inicial, de transição, central, resumo, final);

d) quarta etapa: verificar formas de organização das informações, com as possibilidades de análise, definindo os critérios de classificação das informações e as possíveis comparações a serem feitas.

Como todos os métodos e/ou técnicas de pesquisa, o grupo de foco tem vantagens e desvantagens para seu uso e resultados gerados. Sinteticamente, as vantagens do uso do grupo de foco são: (a) habilidade de coletar dados num pequeno espaço de tempo, pois se trata de método rápido, econômico e eficiente para obter informações; (b) a experiência de grupo geralmente é positiva aos seus participantes porque facilita a discussão; (c) alguns indivíduos gostam de relatar suas experiências ao grupo, pois sentem apoio de outras pessoas; (d) os membros do grupo têm a possibilidade de ouvir diversos pontos de vista; (e) grande validade das informações coletadas pelo controle do procedimento e por medir efetivamente o que se deseja; (f) apresenta baixo custo em relação a outros métodos, pois permite ao pesquisador aumentar o tamanho da amostra dos estudos qualitativos; (g) os grupos são fáceis de conduzir, pois, mesmo que o pesquisador seja iniciante, poderá obter muitas informações; (h) permite verificar aquilo que está subentendido, motivando para que o máximo de informações seja extraído, e possibilita observar a extensão daquilo com que os entrevistados concordam e do que discordam, por meio da habilidade do mediador.

Já as desvantagens do uso do grupo de foco são: (a) os participantes podem hesitar em discutir suas crenças, já que participantes tímidos podem não se sentir confortáveis para expressar suas preocupações ou opiniões; (b) um ou mais participantes podem tentar monopolizar a discussão do grupo; (c) dificuldade de reunir os grupos; (d) preconceitos do moderador podem influenciar os resultados; (e) uma opinião pode prevalecer no grupo; (f) a análise dos dados pode consumir tempo e recursos; (g) o ambiente não natural pode influenciar as discussões; (h) certas posições de alguns participantes podem distorcer o estudo.

4.3.2.5 O estudo de caso como pesquisa: planejamento e procedimentos

Nesta parte, desenvolve-se a exposição baseada, em grande parte, nas orientações de Yin (2005), que é uma obra já consagrada na literatura especializada. Sua observação central para o entendimento do que seja o estudo de caso é um esclarecimento de uma grande confusão. Qual seja: a diferença entre estudo de caso e caso de ensino. Neste último, o conteúdo pode ser alterado para ilustrar o que se quer destacar (YIN, 2005).

Os estudos de caso fornecem pouca base para as generalizações científicas. O que seus resultados podem fazer é proporcionar condições objetivas para uma generalização teórica (generalização analítica), e não uma generalização das frequências ou da amostra (generalização estatística). Trata-se de método de pesquisa predominantemente qualitativo.

O mesmo autor (YIN, 2005, p. 28) adverte que se deve fazer uma "questão do tipo 'como' ou 'por que' sobre um conjunto contemporâneo de acontecimentos, sobre o qual o pesquisador tem pouco ou nenhum controle". Do ponto de vista técnico, o estudo de caso: (a) é "uma pesquisa empírica que investiga um fenômeno contemporâneo dentro do seu contexto da vida real, especialmente quando os limites entre o fenômeno e o contexto estão claramente definidos"; (b) "enfrenta uma situação tecnicamente única em que haverá muito mais variáveis de interesse do que pontos de dados"; (c) "baseia-se em várias fontes de evidência, com os dados precisando convergir em um formato de triângulo";

(d) beneficia-se de resultados de "proposições teóricas para conduzir a coleta e a análise dos dados" (p. 32-33).

Para a condução de um estudo de caso, podem-se traçar duas estratégias: o caso único e os casos múltiplos. Ambos podem incluir evidências quantitativas (levantamentos) e/ou qualitativas (entrevistas em profundidade, observação, etnografia, análise documental etc.). Um estudo de caso pode ser centrado em um indivíduo, uma organização, um grupo, um programa governamental etc. (unidade de análise única = caso) ou em indivíduos, grupos, organizações ou programas (unidade de análise múltipla = casos).

Os cuidados, as estratégias e os planos são os mesmos para um caso ou para casos múltiplos. Em ambos os tipos, a unidade de análise é central. A unidade de análise é definida nas questões de pesquisa. Yin (2005, p. 44) informa que o fato de se definir muito bem a unidade de análise, além de importante, deve ser checado, pois nem sempre, quando se define a unidade de análise, isso significa que ela seja definitiva. Ela é, como o próprio termo informa, a unidade sobre a qual o pesquisador irá fazer suas verificações (análise).

No entanto, antes da decisão pelo estudo de caso único ou de casos múltiplos, a questão de pesquisa deve ser direcionada à estratégia mais adequada. Yin (2005, p. 62-63) esquematiza as seguintes condições para o desenvolvimento de estratégias de estudo de caso único:

a) Quando o caso é decisivo para se testar (validar) uma teoria, ou seja, para verificar se ela está bem fundamentada ou é aplicável (confirmar, contestar, estender) àquela realidade que se está estudando, o caso deve dar todas as condições para que o pesquisador verifique a validade teórica.

b) Quando o caso é raro ou extremo e é muito restrito em sua aplicação. Geralmente, na área da psicologia clínica.

Metodologia da pesquisa: o levantamento dos dados e informações **111**

c) Caso <u>típico ou único</u>. Quando isso acontece, "parte-se do princípio de que as lições que se aprendem desses casos fornecem muitas informações sobre as experiências", o que pode auxiliar em outros estudos (YIN, 2005, p. 63).

d) Quando o caso é <u>revelador</u>, ou seja, o fenômeno é previamente inacessível a observações de outros estudiosos. Portanto, revela não só fatos/fenômenos novos, mas essa necessidade de estudá-los mais profundamente.

e) Quando é do tipo <u>longitudinal</u>, que exige o mesmo caso em dois ou mais pontos diferentes do tempo, pois a teoria geralmente informa que certas condições mudam ao longo do tempo, e os intervalos de tempo, presumivelmente, refletem as alterações esperadas no objeto (o caso). Para todas as situações, a unidade de análise (ou o próprio caso) é o passo fundamental para o estudo.

Para isso, o estudo de caso exige do pesquisador alguns procedimentos; tais como: (a) buscar todas as evidências disponíveis sobre o caso (documentos, obras, fotos, registros etc.); (b) fazer uma primeira aproximação do objeto no campo (para ter certeza da unidade de análise selecionada para estudo); (c) elaborar novas questões sobre o objeto e a unidade e preparar o planejamento dos procedimentos de respostas para as questões criadas; (d) comparar os dados e as informações e padronizar a análise, buscando conexão entre dados, informações e fontes de evidência; (e) selecionar as principais variáveis de estudo e comparar com os resultados das variadas fontes e procedimentos, buscando comparar com a teoria de base para o estudo; (f) preparação da estrutura dos relatórios parcial e final.

Os limites do estudo de caso são: (a) requer um longo período de estudo e no campo; (b) seus resultados, com poucas exceções, podem ser generalizados; (c) seus resultados são de baixa validade interna, porque estão sujeitos à subjetividade do pesquisador; (d) exige uma profunda fundamentação teórica; (e) trabalha com dados e informações difíceis de organizar, porque envolvem variedades de técnicas e de procedimentos e diversas fontes.

Os estudos de caso devem ser cercados de cuidados justamente porque não facilitam a generalização dos seus resultados e pela forte crítica que sofrem. Assim, os seguintes cuidados podem dar mais credibilidade aos estudos de caso:

a) apresentação detalhada e analisada da teoria;

b) especificação, coerência e forma de construção e avaliação dos construtos (quando necessários);

c) detalhamento da coleta de dados/informações, matriz de análise e base de dados (procedimentos, fontes, técnicas, uso de triangulação etc.);

d) informação sobre replicação literal ou teórica;

e) demonstração de critérios adotados de validade interna (estabelecimento de relação causal que explique que, em determinadas condições [causas], levam a outras situações [efeitos], com procedimentos de teste de coerência interna entre as proposições iniciais, o desenvolvimento e os resultados encontrados);

f) demonstração de confiança na seleção da unidade de análise, com coerência;

g) descrição do objeto de pesquisa, incluindo estudo exploratório ou piloto;

h) demonstração de que o período foi/será adequado para a coleta de dados/informações, inclusive as circunstâncias de como ocorreram;

i) encadeamento das evidências (dados/informações) e comparação com a teoria;

j) procedimentos de validade do construto, que é o estabelecimento de "medidas operacionais corretas para os conceitos [e também de termos testáveis] que estão sob estudo" (YIN, 2005, p.55). Na etapa de coleta dos dados, o procedimento para aumentar a validade de construto é a utilização de várias fontes de evidência (documentos, relatórios, observação, relatos etc.);

k) critérios de validade externa, ou seja, mostrar que os resultados encontrados podem ser comparados com outros estudos semelhantes, até um determinado ponto;

l) deixar que o leitor sinta a confiabilidade pela possibilidade de se repetir o estudo para se alcançarem resultados similares, pelo protocolo de estudo de caso e da base de dados para que se possam efetuar testes.

Para obter êxito no processo, duas qualidades são fundamentais: a paciência e a persistência. Seja qual for o tipo de pesquisa, método, técnica etc., é importante e obrigatório em projetos e/ou em relatórios descrever como será realizada a coleta de dados/informações (para projetos), ou como foi realizada tal etapa (para relatórios). A coleta de dados/informações é o momento central do desenvolvimento da pesquisa e, quando em fase de projeção, quando se está preparando o projeto para a execução da pesquisa, devem-se informar todos os passos e as etapas do levantamento das evidências que serão usadas para responder às perguntas de pesquisa.

A Figura 4.5 mostra graficamente a inserção do pesquisador quando inserido em uma análise qualitativa. É percebido nessa figura que, de acordo com o posicionamento do pesquisador, este pode se adequar a uma descrição positivista ou então interpretativista, focando na forma como ele acredita ou se envolve com o conteúdo analisado. O observador ou participante de uma pesquisa oferece contribuições diferentes, assim como análises em etapas diferentes de avaliação de um determinado objeto, logo, caso baseie-se na ciência natural ou na ação dos argumentos envolvidos, pontos de reflexão compostos serão percebidos e validados.

Figura 4.5 – Título – posicionamento do pesquisador diante no processo de pesquisa

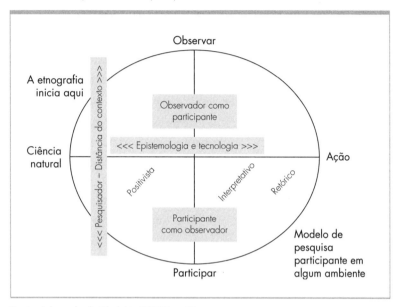

Fonte: Adaptado de Dholakia (2007, p. 2).

Para estudos mais aprofundados sobre métodos científicos e pesquisas qualitativas, o livro de Denzin e Lincoln (2011) apresenta estudos com técnicas diferenciadas desenvolvidas por diversos autores e especialidades. A riqueza das formas de análise sobre perspectivas complementares ou adjuntas é fundamental para validar novos estudos e teorias, tornando assim o pesquisador mais ávido por novos questionamentos e novos problemas na mudança do cenário e ambiente de pesquisa.

4.4 Sobre instrumentos de coleta de dados e informações na pesquisa científica

A escolha do instrumento de coleta de dados dependerá dos objetivos que se pretende alcançar com a pesquisa, das questões

Metodologia da pesquisa: o levantamento dos dados e informações **115**

de pesquisa previamente elaboradas, do perfil dos pesquisados, das características da pesquisa e do objeto a ser estudado e, por fim, do método e da técnica mais adequados para o uso do instrumento. Para todos os casos, os instrumentos de pesquisa são parte essencial da coleta de dados, pois é no instrumento que os dados ficarão registrados (por exemplo, o questionário) ou a partir dele os dados e informações serão gerados (roteiros de entrevistas e de observação) e é também por meio dele que o pesquisador terá elementos do trabalho de campo para analisar depois (base de dados, texto oriundo de transcrição de entrevistas) ou gravações e imagens de observação (filmagens).

Dados e/ou informações coletados de forma indevida podem comprometer toda a pesquisa e descartar todo o esforço de trabalho de campo do pesquisador e inclusive invalidar os resultados da pesquisa. Para evitar surpresas desagradáveis como respostas não geradas, dados ou informações que faltaram, esforços adicionais com dados e informações que não terão utilidade (foram coletados sem ter a utilidade esperada) e outras situações é que se propõem as orientações a seguir. Essas orientações são exclusivamente para a elaboração de instrumentos, procedimentos de uso e cuidados com o teste dos mesmos. Para cada caso de levantamento é recomendada uma leitura mais detalhada de obras específicas para cada método e técnica e adequar os procedimentos de acordo com o objeto a ser investigado.

4.4.1 Orientações para a preparação e o uso do questionário e formulário

O questionário é uma série ordenada de perguntas que devem ser respondidas por escrito pelo informante, mais conhecido como questionário autoadministrado. Deve ser objetivo, limitado em extensão e estar acompanhado de instruções. As instruções devem esclarecer os propósitos de sua aplicação, ressaltar a importância da colaboração do informante e facilitar o preenchimento. As perguntas do questionário podem ser: abertas ("Qual é a sua opinião sobre...?"); fechadas: (uma escolha [dicotômica]); múltipla escolha (fechadas com uma série de respostas possíveis); de escala (fechadas com um escalonamento de respostas).

As principais recomendações para construção de um questionário são:

- ser construído em blocos temáticos, obedecendo a uma ordem lógica na elaboração das perguntas que serão agrupadas de acordo com os objetivos da pesquisa;
- a redação das perguntas feita em linguagem compreensível ao informante, ou seja, deverá ser acessível ao entendimento da população estudada;
- a formulação das perguntas deverá evitar a possibilidade de dupla interpretação, sugerir ou induzir a resposta;
- cada pergunta deverá focar apenas uma questão para ser analisada pelo informante;
- deverá conter apenas as perguntas relacionadas aos objetivos e questões de pesquisa. Devem ser evitadas perguntas que já se sabe que não serão respondidas com honestidade. Neste caso, criam-se perguntas auxiliares que possam ser comparadas, para se alcançar a resposta mais verídica possível;
- para perguntas que têm a possibilidade de respostas intencionalmente erradas, mas que são importantes, recomenda-se criar novas perguntas para "teste" da resposta duvidosa. Podem-se criar outras perguntas com o objetivo de conseguir respostas semelhantes.

Um formulário é um agrupamento de questões anotadas por um entrevistador numa situação face a face com a outra pessoa (o informante). Comumente se chama de "questionário administrado pelo entrevistador", pois é o próprio entrevistador que formula as questões e aguarda as respostas.

Metodologia da pesquisa: o levantamento dos dados e informações **117**

O instrumento de coleta de dados escolhido deverá proporcionar uma interação efetiva entre você, o informante e os propósitos da pesquisa realizada. Para facilitar a compreensão do informante (o entrevistado) e ajudar no processo de tabulação de dados, usando suportes computacionais, as questões e suas respostas devem ser previamente codificadas (códigos nas alternativas de respostas).

A coleta de dados estará relacionada ao problema e às questões, com as hipóteses e com os objetivos da pesquisa. Nesse estágio, escolhem-se, também, as possíveis formas de tabulação e de apresentação de dados e os meios (os métodos estatísticos, os instrumentos manuais ou computacionais) que serão usados para facilitar a interpretação e análise dos dados.

As vantagens de cada instrumento estão ligadas à qualidade e à utilização dos dados obtidos, a serem consideradas quando se escolher o mais apropriado para seu objetivo de pesquisa. É necessário sempre considerar os pontos positivos e negativos de cada método e técnica, para, em seguida, definir o instrumento adequado.

A pesquisa com o uso do questionário apresenta, como outros instrumentos, vantagens e desvantagens para o pesquisador e para os resultados da pesquisa. São vantagens: (a) forma menos custosa de levantamento pela possibilidade de padronização; (b) exige menos experiência em pesquisa para as pessoas que trabalharão com o instrumento; (c) por ser padronizado, pode ampliar o número de pesquisados e garante certa uniformidade nas respostas, o que facilita a organização e análise; (d) as informações coletadas são mais claras e objetivas e podem ser controladas pelo entrevistador que poderá fazer os registros das informações, reduzindo assim a margem de erro de preenchimento. Já as desvantagens no uso do questionário em pesquisas científicas são mais relativos a sua profundidade e confiabilidade, já que a busca de objetividade pode comprometer as análises dos dados.

As orientações a seguir estão direcionadas para os questionários e formulários, por serem os instrumentos de coleta de dados e informações mais utilizados por pesquisadores iniciantes. Como o espaço deste texto é reduzido, não tratará de instrumentos específicos, dando apenas orientações de caráter geral.

Para a elaboração de qualquer instrumento, lembre-se sempre de que quem está sendo pesquisado está fazendo isso de forma voluntária, cooperativa, por isso, para questionários, formulários ou roteiro de entrevista, é importante seguir as seguintes orientações:

- Informar ou descrever os objetivos da pesquisa e do instrumento;
- Colocar no instrumento o nome da instituição (faculdade, centro de pesquisa) a que a pesquisa está vinculada, especialmente quando se tratar de envio de questionário para que o próprio pesquisado preencha;
- informar ou apresentar uma declaração formal de que a informação fornecida pela organização ou pelas pessoas individuais pesquisadas será tratada confidencialmente, e que o relatório sobre os resultados da pesquisa não vai identificar nem empresas, nem instituições nem pessoas individuais;
- sempre fazer um pedido de cooperação no preenchimento do instrumento, na parte inicial;
- ter cuidado com a clareza no raciocínio das questões e com seu encadeamento (sequência);
- observar o número de questões e o tamanho do instrumento (questionário ou roteiro de entrevista) e sua sequência lógica de raciocínio de respostas esperadas;
- ficar atento às divisões em bloco do questionário e à sequência lógica das perguntas (questionário ou roteiro de entrevista) para que nenhuma pergunta mais delicada venha logo no início do questionário ou roteiro;

Metodologia da pesquisa: o levantamento dos dados e informações **119**

– atenção no momento de preparar as instruções para preenchimento, no caso de questionários autoaplicados;
– ter cuidados com a aparência estética do instrumento;
– realização de teste do instrumento de forma adequada com o público similar ao da pesquisa definitiva.

É necessário cuidado com a formulação de perguntas em questionários ou formulários com a alternativa "Não Sabe" ou "Sem Resposta". Essa situação pode recair em dois problemas. O primeiro é que, quando essa alternativa aparece, é intencional para os objetivos da pesquisa. No entanto, é estranho isso acontecer. Segundo, quando ela passa a ser a alternativa de resposta com maior frequência. Nesse caso, demonstra que o pesquisador não tinha alternativas apropriadas para a pergunta, portanto não fez o teste do instrumento. Quando verificar se essa alternativa é problemática? Quando, na aplicação do teste, ela parecer aproximadamente entre 15% e 20% do total das respostas. Por isso, é importante o teste de instrumentos, especialmente para verificar esse tipo de situação.

Outros cuidados precisam ser observados na confecção do questionário ou do conjunto de perguntas que compõem o instrumento de coleta. São eles:

a) As perguntas só podem ser elaboradas se estão diretamente relacionadas aos objetivos e questões de pesquisa.

b) A pergunta não pode exigir do respondente muito tempo e esforço de memória para ser respondida.

c) Para que haja seleção do entrevistado até chegar àquele que tem o perfil do respondente, é necessária a introdução de pergunta-filtro.

d) Nos questionários autoadministrados, as perguntas devem ter o vocabulário adequado ao entrevistado e ser de fácil preenchimento, incluindo as instruções.

e) As alternativas de respostas devem (em questionários fechados) se aproximar do esgotamento das respostas possíveis até a inclusão da alternativa *Não Sabe/Não Quer Opinar.*

f) Para perguntas abertas, deve-se evitar que as respostas sejam extensas para não gerar dificuldade no momento da análise.

g) Evitar questionário monótono, com perguntas do mesmo tipo.

O teste do instrumento ou pesquisa-piloto deve ser cercado de cuidados. São eles:

a) Seleção de um número pequeno de pessoas com o mesmo perfil dos entrevistados finais para aplicação da primeira versão do instrumento de coleta de dados.

b) Verificação cuidadosa do comportamento e/ou reação das pessoas a cada pergunta do instrumento.

c) Verificação das principais dúvidas quanto às perguntas e às respostas.

d) Após a avaliação final, verificar se alguma questão pode alterar a resposta do entrevistado, quanto ao seu posicionamento.

e) Após a análise das respostas e do relatório de campo feita pela equipe de entrevistadores, deve-se verificar a possibilidade de substituição de questões, fusão de duas ou mais em apenas uma, dividir uma pergunta em duas, criar nova(s) questão(ões) ou exclusão, modificar a sequência de questões, trocar questões de blocos, melhorar sua organização, aprimorar as instruções de preenchimento (para os instrumentos autoadministrados) etc.

Um dos principais cuidados que se devem ter quando se usam perguntas em instrumentos de pesquisa, sejam abertas ou fechadas, seja em roteiro de entrevistas ou em questionários, é quanto à sua aplicabilidade e seus limites para uso.

Entre os fatores que são favoráveis às perguntas abertas estão: (i) são capazes de facilitar o acesso as informações mais ricas e detalhadas; (ii) algumas vezes permitem o surgimento de informações inesperadas. Suas dificuldades são: (i) necessidade de interpretação das respostas e a necessidade de mais tempo para essa interpretação; (ii) por serem mais amplas, as respostas necessitam de mais atenção na análise, para se evitar desvio de interpretação e quando necessitam de codificação exigem mais tempo e recursos técnicos.

Já as perguntas fechadas têm como ponto positivo a facilidade de se fazerem análises estatísticas mais sofisticadas. No entanto, seus resultados são superficiais e conduzem a conclusões mais simples. Veja alguns exemplos de tipos de pergunta para compor instrumentos de coleta de dados:

- Fatos: "Quantos operários tem o seu departamento?"
- Opiniões: "A taxa de desemprego no Pará vai baixar antes de dezembro deste ano?"
- Atitudes: "Em que medida concorda com a participação de Manaus como sede da Copa do Mundo?"
- Preferências: "Prefere trabalhar sozinho ou em grupo?"
- Valores: "Indique o grau de importância que você atribui aos seguintes aspectos: trabalho interessante; bons colegas; salário alto etc."
- Satisfações "Em que medida está satisfeito ou insatisfeito com o seu chefe?"
- Razões; Motivos; Esperanças; Crenças etc.

Quando se elabora um instrumento de coleta de dados, é importante pensar na fase posterior da pesquisa que é a tabulação das respostas oriundas das questões. Para isso, várias são as formas de se elaborarem questões. Entre elas, estão as perguntas fechadas (com as respostas já dadas) que podem ser dos seguintes tipos:

a) dicotômica ("sim" ou "não");

b) encadeada ou de ramificação (pergunta associada à resposta da questão anterior);

c) múltipla escolha (o respondente pode escolher mais de uma opção, dentre as várias oferecidas);

d) ordem de preferência (o respondente deve estabelecer uma ordem de preferência entre as opções de resposta);

e) questões de filtro (são as que fazem a inclusão ou exclusão do entrevistado logo no início da entrevista);

f) em escala (quando há variáveis que qualificam a resposta e podem ser de vários tipos e número de opções de resposta);

Para construir uma escala não se pode fazer de forma aleatória e arbitrária, é necessário confrontar com base na opinião de pessoas, tentando estabelecer um consenso de opiniões em torno da escala mais adequada; ou a partir de uma combinação e/ou adaptação de outras consultadas na literatura. Porém, em todos os casos, é importante passar por um teste com um pequeno grupo de pessoas com as mesmas características do grupo final em que vai ser utilizado o questionário com a escala.

As escalas podem ser de vários tipos, de acordo com as questões de pesquisa e as variáveis a serem investigadas. Nesse sentido, são:

– Classificação: quando se faz uma classificação sem comparação. Exemplo: atribuição de pontos a determinado produto;

– Ranqueamento: faz comparações entre dois ou mais objetos ou indicadores. Exemplo: atributos de importância para dois ou mais produtos ou objetos;

Metodologia da pesquisa: o levantamento dos dados e informações **123**

- Preferência: quando fazem indicações de objetos, situações etc. que mais agradam ou desagradam.

Outros tipos de escala para alternativas de respostas em perguntas de questionários são os que seguem:

a) escala Likert: é um tipo que se estabelece previamente, de acordo com a complexidade que a questão exige e também com o perfil de respondente, quantos pontos (números na escala) forem necessários. Exemplo: 1= discordo totalmente; 2 = discordo; 3 = não concordo, nem discordo; 4 = concordo; 5 = concordo plenamente;

b) escala de diferencial semântico. Exemplo: a Internet em sua residência tem acesso: rápido, lento, moderado etc.;

c) escala numérica: 1, 2, 3, 4, 5 (um atributo para cada número);

d) escala de lista de classificação. Exemplo: indique a importância de cada característica (1 = pouco, 2, 3, 4, 5, 6, 7 = muito);

e) escala de soma constante: as alternativas somadas devem resultar em 100% ou no número 100. Exemplo: qual a composição do seu orçamento familiar? A = 10%; B = 20%; C = 35%; D = 35%; total =100%;

f) escala de comparação. Exemplo: qual a dupla sertaneja de sua preferência? 1. José e João; 2. Mário e Maria; 3. Bruno e Brena.

Os exemplos gráficos a seguir mostram tipos de questão com escala mais adequados para um levantamento com o uso de questionário e são adaptados de Cooper e Schindler (2005, p. 200-204). O importante no uso da escala em questões é a possibilidade de dar ao entrevistado formas diferentes de respostas e alternativas de manifestação de sua opinião. O uso da escala em questões fechadas também é uma forma de melhorar a apresentação do instrumento e de fugir de modelos monótonos de questionários, assim como enriquecer as forma de análise das respostas. No entanto, é necessário verificar a aplicabilidade de cada modelo de escala e sua adequação ao tipo de perguntas e de respostas que se pretende alcançar.

As Figuras 4.6 a 4.10 mostram exemplos de escala para compor perguntas de questionários. Já as Figuras 4.11 a 4.16 apresentam o cenário proposto para a pesquisa de Arruda Filho (2012) e algumas questões utilizando *websurvey* para coletar o comportamento dos possíveis consumidores. O cenário proposto foi desenvolvido baseado no desenho de pesquisa para uma análise quantitativa, sobre o uso e preferência por produtos tecnológicos do tipo celulares.

A *websurvey*, que é um método atual e bastante utilizado nos Estados Unidos e Europa, consiste de colocar um questionário *on-line* com a possibilidade de envio por Internet do *link* apropriado para preenchimento dos respondentes, ou ainda abertura destes em um laboratório para que seja realizado de forma rápida e sucinta.

Figura 4.6 – Exemplos de escala de lista de classificação múltipla e escala numérica

Escala de lista de classificação múltipla		Escala numérica	
	Sem Importância	Importante	
			Pouco Favorável	Muito Favorável
	1 2 3 4	5 6 7 8	1 2 3	4 5 6
Variável A			Variável A	
Variável B			Variável B	
Variável C			Variável C	
Variável D			Variável D	

Fonte: Farias Filho (2009, p. 149).

Metodologia da pesquisa: o levantamento dos dados e informações **125**

Figura 4.7 – Exemplos de escala *Likert* e de questão com várias alternativas e uma opção de resposta

					Questão com várias alternativas e uma opção de resposta
Escala *Likert* de 5 pontos ou de classificação somatória					Alternativa A ( )
Discordo plenamente	Discordo	Não concordo, nem discordo	Concordo	Concordo plenamente	Alternativa B ( ) Alternativa C (x) Alternativa D ( ) Alternativa E ( )
[1]	[2]	[3]	[4]	[5]	Alternativa F ( )

Fonte: Farias Filho (2009, p. 149).

Figura 4.8 – Exemplos de escala de diferencial semântico e questão de múltipla escolha com várias opções de resposta

Escala de diferencial semântico			Questão de múltipla escolha com várias opções de respostas	
	Alta Qualidade	Baixa Qualidade	Alternativa A	(x)
Variável A	— — — —	— — — —	Alternativa B	( )
Variável B	— — — —	— — — —	Alternativa C	(x)
Variável C	— — — —	— — — —	Alternativa D	( )
Variável D	— — — —	— — — —	Alternativa E	(x)
			Alternativa F	( )

Fonte: Farias Filho (2009, p. 149).

Os maiores sistemas utilizados mundialmente para *websurveys* são os dois mais reconhecidos, sendo um deles o Zoomerang (www.zoomerang.com) e outro o *Survey Monkey* (www.surveymonkey.com), os quais são disponibilizados para os pesquisadores mediante o pagamento anual de uma taxa de uso. Esses *sites* possuem modelos de questionários facilmente construídos, onde o pesquisador pode desenvolver questões de forma aberta, fechada, com *ranking*, escalas e muitos outros, podendo ainda utilizar modelos já previamente construídos e definir se os respondentes precisam responder cada questão para poder dar continuidade à pesquisa. Algo interessante neste ponto é a capacidade de acabar com as questões não respondidas (*missing values*).

Figura 4.9 – Exemplos de escala comparativa e questão dicotômica

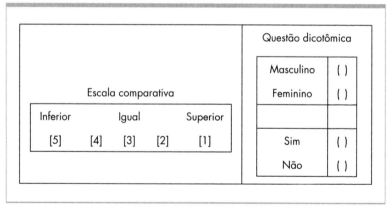

Fonte: Farias Filho (2009, p. 149).

Figura 4.10 – Exemplos de tipos de resposta de questões com e sem escala

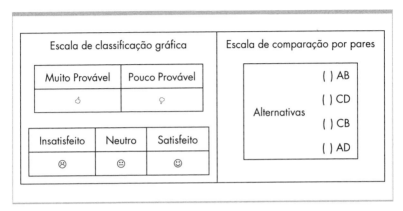

Fonte: Farias Filho (2009, p. 149).

Figura 4.11 – Estrutura para desenvolvimento da coleta de dados

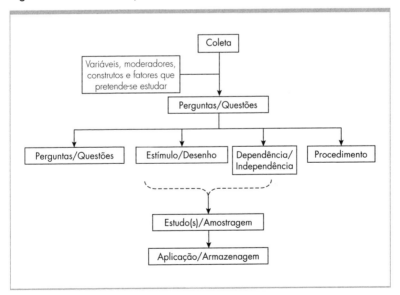

Fonte: Os autores.

Figura 4.12 – Cenário proposto para pesquisa de usabilidade celular apresentada no início do questionário

PESQUISA SOBRE O COMPORTAMENTO DO CONSUMO TECNOLÓGICO DE TELEFONE CELULAR

Neste estudo queremos saber a sua preferência pelas funções do telefone celular. Baseando-se nestas características indicadas, por favor informe sua necessidade e desejo de utilizar este dispositivo

Este é o celular da marca NOKIA, uma marca com grande reputação no campo de telefones celulares.
– Celular NOKIA integrado com leitor de MP3 e câmera digital custando R$ 100,00. Baseado nas características apresentadas acima, por favor responda as questões que seguem.

Fonte: Os autores.

Figura 4.13 – Pergunta-piloto ou norteadora do projeto

Page 1 – Question 1 – Rating Scale – One Answer (Horizontal)

[Mandatory]

Por favor, indique em uma escala de 1 a 7 o quanto você gostaria de obter este CELULAR NOKIA COM MP3 E CÂMARA DIGITAL CUSTANDO R$ 100,00.

| Não gostaria | 2 | 3 | Médio | 5 | 6 | Gostaria muito |

Fonte: Os autores.

Metodologia da pesquisa: o levantamento dos dados e informações 129

Figura 4.14 – Pergunta subsequente do estudo medindo a intenção de compra para o produto

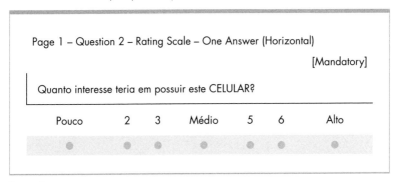

Fonte: Os autores.

Figura 4.15 – Pergunta medindo o valor hedônico para o produto

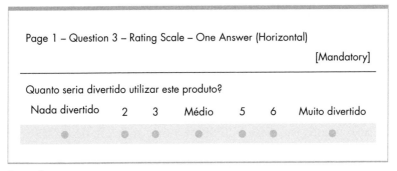

Fonte: Os autores.

Figura 4.16 – Pergunta medindo a usabilidade com as funções do produto

Page 1 – Question 21 – Rating Scale – One Answer (Horizontal)

[Mandatory]

Com que frequência você usaria essas funções? Para cada uma das funções do celular indique a frequência de uso que você poderá utlizar

	Não usaria	2	3	Médio	5	6	Muita
Telefone Celular	●	●	●	●	●	●	●
MP3 Player	●	●	●	●	●	●	●
Câmera Digital	●	●	●	●	●	●	●

Fonte: Os autores.

Com a utilização do *software*, o pesquisador pode agora controlar os respondentes em quantidade de preenchimentos e envio de novos questionários para diferentes respondentes, gerando ainda facilidade de transpor diretamente os dados coletados para o Excel e após isto para o SPSS ou outro *software* de estatística. Uma prévia da frequência resultante da pesquisa também está disponibilizada pelos *softwares* de *survey on-line*, onde assim a pesquisa flui de forma mais ágil e segura quando realizada em um ambiente onde os respondentes têm acesso à tecnologia (Internet).

As perguntas apresentadas nas Figuras de 4.15 e 4.16 mostram análise em escala, a qual pode ser utilizada para estatisticamente medir a explicação dos fatores, mediante um estudo de regressão linear. A intensidade em que o respondente (consumidor tecnológico) descreve cada pergunta solicitada mostra a que nível este percebe como importantes ou valorosos os fatores mensurados.

4.4.2 Orientações para a construção e uso do roteiro de entrevista

Basicamente um roteiro de entrevista deve prever alguns requisitos e circunstâncias que envolvem a relação entre entrevistador e entrevistado. Na pesquisa científica com o uso da entrevista, não se pode apenas pensar em fazer uma lista longa e cansativa de perguntas e acreditar que o entrevistado estará sempre disponível para responder tudo aquilo que o pesquisador precisa e que o entrevistado sempre estará buscando cooperar com o pesquisador. Muitas vezes é exatamente o contrário que acontece. O entrevistado não quer cooperar ou, na pior das situações, ele pode ter a intenção de prestar informações falsas.

A habilidade do entrevistador deve buscar evitar as seguintes situações que mais comprometem uma entrevista: (a) a timidez do entrevistado em informar o que se precisa obter dele; (b) o aborrecimento do entrevistado ou seu descontentamento com o entrevistador por algum motivo relacionado à postura ou à forma como a pergunta é feita, por isso não prestando as informações necessárias; (c) evitar que o entrevistado não seja "verdadeiro" nas suas informações; isso se evita quando o entrevistado tem plena confiança no entrevistador, quando confia que os dados serão usados para fins exclusivamente acadêmicos; (d) o entrevistador deve prestar as informações prévias sobre a entrevista, como tempo de duração da entrevista, assunto a ser tratado, objetivo da entrevista, garantia de anonimato do entrevistado e outras questões importantes para que a entrevista seja interessante para as duas partes envolvidas na conversa. Para isso, as orientações a seguir são para dois tipos muito comuns de entrevistas em trabalhos acadêmicos.

a) Roteiro para entrevista estruturada

Para tentar evitar maiores problemas no levantamento e tratamento do material coletado (conteúdo da entrevista), os passos a seguir são para buscar melhor desenvolver um roteiro de entrevista. São eles:

a) Para um roteiro, o principal é que as perguntas propiciem respostas que atendam aos objetivos da pesquisa e consigam auxiliar nas respostas das questões de pesquisa. Algumas vezes as perguntas específicas de pesquisa podem ser feitas para os entrevistados e constarem no roteiro ou serem adaptadas.

b) Outra preocupação com o roteiro é que ele sempre será apenas um dos instrumentos do levantamento de evidências para compor o montante do material a ser analisado na pesquisa como um todo. Sendo assim, não se pode querer colocar todas as perguntas que precisam de respostas em um roteiro de perguntas, cansando o entrevistado. A extensão do roteiro é a preocupação central. Assim, devem-se rever as perguntas e para cada pergunta colocada no roteiro deve-se verificar qual sua função. Uma das sugestões é perguntar *"o que eu quero com essa pergunta aqui?"*.

c) Uma vez todas as perguntas possíveis colocadas num papel, deve-se verificar cada uma delas usando a sugestão anterior (item *b*) e agrupar as perguntas do roteiro por assuntos ou temas similares. É como se faz com as perguntas de um questionário. Em seguida, é importante ler cada pergunta e verificar se estão claras, se estão adequadas para o público-alvo (o entrevistado) e se os termos, palavras, conceitos usados não podem causar constrangimento ou outra reação como de inibição do entrevistado, confusão no pensamento, reação agressiva, reação de não cooperação, compreender que está sendo tratado como um especialista no assunto ou, ao contrário, um ignorante. Por isso, o pesquisador precisa ler cada questão e buscar prever a reação do entrevistado, com base no possível perfil dele.

Metodologia da pesquisa: o levantamento dos dados e informações **133**

d) quando tudo estiver checado, é hora de organizar as questões para um teste do instrumento de pesquisa (neste caso, o roteiro de entrevista) e para isso é necessária uma nova verificação das possibilidades de excluir perguntas, juntar duas ou mais perguntas, dividir uma pergunta em duas, incluir novas perguntas. Por último, o pesquisador deve tentar memorizar as perguntas para que, no momento da entrevista, não seja necessário ler todas as perguntas na frente do entrevistado.

b) Roteiro para entrevista semiestruturada

Todas as orientações para o desenvolvimento de um roteiro de uma entrevista estruturada servem para uma entrevista semiestruturada. A diferença é que na semiestruturada é necessário atenção para:

a) O número de perguntas deve ser menor, pois a dinâmica da entrevista e o desenvolvimento das respostas é que conduzirão o entrevistador levando-o a formular outras perguntas.

b) O roteiro, neste caso, pode vir com um pequeno sumário de itens que podem auxiliar o entrevistador a desenvolver novas perguntas à medida que o assunto for lembrado pelo entrevistado durante a pergunta.

c) Neste caso, a cada momento em que o entrevistado entra em um assunto que está sendo contemplado no sumário de itens, constante no final do roteiro de entrevista, o entrevistador deve logo ter a capacidade de formular uma nova pergunta.

d) O entrevistador precisa ser ágil e ao mesmo tempo não interromper abruptamente a narrativa do entrevistado.

A entrevista semiestruturada é um diálogo que constantemente abrirá novos rumos e novas perguntas deverão ser feitas e encadeadas, evitando-se assim a interrupção abrupta da narrativa. O diálogo com o entrevistado deve ser fluente e interessante para ele (o entrevistado), que deverá se sentir bem com a curiosidade do entrevistador.

Cada pergunta encadeada a uma anterior precisa ter completada sua resposta e ser inteiramente respondida para que seja elaborada outra pergunta, pois o custo de retornar a pergunta anterior é o esquecimento de fatos e informações que seriam logo revelados se a narrativa seguisse o curso que estava sendo dado antes da elaboração de uma nova pergunta. A pressa em obter resposta para uma nova pergunta pode comprometer a resposta da pergunta anterior. Essa dinâmica exige cuidado e atenção do entrevistador.

A Figura 4.17 mostra de forma sintética e esquemática o ciclo de uma pesquisa e tem o propósito de mostrar que uma pesquisa não é uma sequência de etapas, mas um encadeamento de fases e etapas, cujos procedimentos são excludentes e/ou concomitantes, dependendo da dinâmica de cada pesquisa. Essa forma gráfica mostra todo o esforço desenvolvido, em forma de texto, que este livro se propôs a fazer, e esperamos que tenha conseguido seu êxito, que é o de simplificar o planejamento da pesquisa científica para os iniciantes.

Metodologia da pesquisa: o levantamento dos dados e informações 135

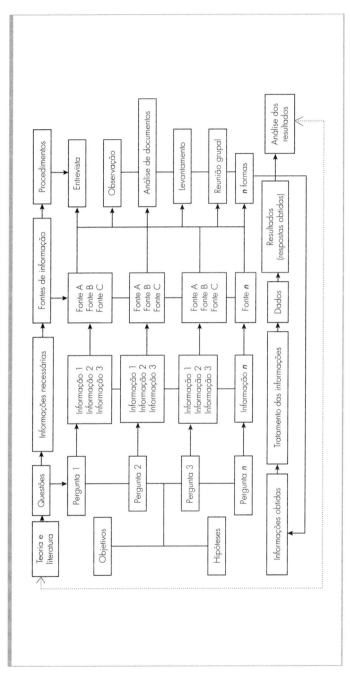

Fonte: Reformulada e ampliada da versão de Luna (2007, p. 78).

5

Procedimentos de análise dos resultados de pesquisa

Este capítulo tem como finalidade apresentar algumas formas de se fazer a organização dos dados coletados em uma pesquisa para que se faça a previsão da etapa de análise do material coletado em campo.

Ao final do levantamento dos dados/informações de uma pesquisa, o pesquisador depara com uma grande quantidade de material que precisa ser organizada, avaliada e analisada. A organização e a previsão do que se vai escrever no relatório são os desafios para os esforços mais concentrados que ele fará posteriormente.

Um primeiro passo deve ser dado ainda na fase de planejamento da pesquisa, quando se está desenvolvendo o projeto. Essa previsão tem relação com o conhecimento que cada pesquisador tem sobre os recursos disponíveis e mais adequados para a análise de seus resultados. Ao final, o que ele pretende é gerar resultados bem analisados, coerentes, consistentes e capazes de validar e dar credibilidade a sua pesquisa.

Os recursos computacionais auxiliam a organizar os dados obtidos na pesquisa. A escolha desses recursos é essencial para dar suporte à elaboração de índices e cálculos estatísticos, organizar as tabelas, quadros e gráficos ou ainda para fazer uma melhor análise de informações qualitativas, construindo mapas, figuras, fluxogramas, esquemas interpretativos e outras formas de apresentação. Existem muitos *softwares* que fazem tratamento dos dados e de informações, resultantes de levantamentos para análises quantitativas ou qualitativas. Para cada caso existe um *software* disponível e a lista deles é ampla.

Da mesma forma que no projeto se deve informar de que forma será feito o tratamento do material coletado, no relatório da pesquisa cabe informar como foi tratado e analisado o material, os dados, as informações, a bibliografia, enfim, toda a evidência que a investigação conseguiu gerar para construir conclusões, apresentar sugestões. Os momentos de organização e de tratamento são importantes para que se tenha uma ideia do que será feito (na fase de projeto) ou do que foi feito (na fase de relatório) e se esse planejamento de análise é coerente e condizente com o método proposto ou desenvolvido na pesquisa.

Nessa etapa, é necessário demonstrar a pesquisa propriamente te dita. Grande parte do que foi exposto até aqui foi reservado para auxiliar o pesquisador iniciante na operação/procedimento de uso dos métodos, das técnicas e dos instrumentos, ou seja, de como fazer o levantamento de dados e informações. Daqui em diante serão demonstrados os principais métodos, técnicas, instrumentos e procedimentos para organizar, tratar e analisar os resultados gerados com a pesquisa.

Para essa fase, que o projeto de pesquisa deve prever, o pesquisador precisa demonstrar o que irá fazer para a análise do material gerado. Essa fase tem preocupação exclusivamente com o relatório de pesquisa. Aqui se devem interpretar e analisar os dados que foram tabulados e/ou organizados na etapa anterior. A análise deve ser feita para atender aos objetivos da pesquisa, para comparar e confrontar dados e informações com as hipóteses e as questões de pesquisa, ou seja, para confirmar ou rejeitar a(s) hipótese(s) ou os pressupostos da pesquisa; para o pesquisador verificar se os resultados da pesquisa conseguiram responder às questões iniciais. Daqui em diante, será demonstrado como se procede com métodos de análise, inclusive com exemplos de matriz de análise de informações qualitativas.

Há várias formas de se fazerem análises de informações qualitativas, entretanto as orientações aqui trabalhadas serão exclusivamente para dois tipos de análises qualitativas, que são a análise de conteúdo e a análise de discurso. A cada método, técnica e propósito da pesquisa, o pesquisador deve recorrer àquele que melhor se adequar aos seus recursos (entre eles, o tempo), conhecimentos por ele adquiridos, teoria que referencia seu estudo, aos propósitos do estudo, à habilidade que venha a ter com os procedimentos técnicos e, principalmente, ao tipo de informação disponível. O que se apresenta aqui são as formas mais comuns e simples usadas por alunos de graduação (foco deste livro) para a análise dos resultados de suas pesquisas.

5.1 O uso da análise de conteúdo em pesquisa

A análise de conteúdo é oriunda da comunicação e se disseminou para outras áreas das ciências sociais e humanas a partir dos anos 1940-50 (VERGARA, 2012). Tem como função original descrever e interpretar o conteúdo de uma mensagem (emissor-receptor). Portanto, privilegiando formas de comunicação escrita, com tendências para uma análise puramente de significado de palavras. No entanto, outras formas de analisar conteúdos de mensagens não escritas podem ser operacionalizadas pelas técnicas disponíveis para o conteúdo da mensagem não escrita, por exemplo, imagens, comunicações não verbais (como a linguagem dos sinais).

É um método ou uma técnica (ainda não há consenso sobre seu enquadramento) cuja origem estava centrada no uso em pesquisas qualitativas. Com o passar do tempo, foi expandindo seu uso e, hoje, pode ser claramente trabalhado nas pesquisas quantitativas, por meio da categorização dos termos, de seus significados e de sua respectiva análise estatística posterior. Uma das formas mais comuns de se fazer categorização é o uso de *software* específico para identificação e contagem de palavras e/ou termos em um texto.

Quando em análises qualitativas, verifica-se a presença de certas características de um conteúdo na mensagem ou em parte dela, seja ela escrita ou não. Já em trabalhos quantitativos, serve como forma de medir frequência (em número ou em percentual, e outras) das palavras, dos significados, dos elementos da comunicação-mensagem. É quando se avalia o conteúdo e em seguida se utiliza uma matriz de análise em que se atribuem significados (ou sinônimos) aos termos, características das mensagens e em seguida dá-se um tratamento estatístico aos resultados.

Com o avanço da tecnologia da informação e da comunicação, já é possível encontrar *softwares* variados que operacionalizam a análise de conteúdo. Um passo fundamental é a definição da unidade de análise (palavra, expressão, frase, parágrafo etc.), da categoria de análise (previamente, com base nos objetivos, de acordo como vão surgindo ou as duas formas juntas) e, por último, a elaboração da matriz de análise (que é o plano operacional da análise).

Para melhor desenvolvimento da análise de conteúdo em um texto gerado por uma entrevista, ou de um documento ou qualquer outra mensagem a ser trabalhada, são necessários os seguintes procedimentos:

a) Fase de pré-análise do material pesquisado. Aqui se faz a organização do que foi levantado para, em seguida, tomar a decisão do que é prioridade para ser analisado. Passo importante é rever questões, objetivos e hipóteses de pesquisa. Trata-se de uma leitura e revisão para seleção das prioridades.

Nessa fase é necessário um roteiro prévio do que vai ser analisado; uma espécie de "guia" para a análise. Para saber com segurança o que colocar no roteiro de análise ou realmente ter a certeza do que seja ou não importante no conteúdo do material a ser analisado, recorre-se às questões de pesquisa, aos objetivos, às hipóteses e às variáveis e conceitos presentes na literatura e na teoria de base, para então verificar de que forma o conteúdo analisado manifesta esses elementos. É necessário fazer algumas anotações (fora do material analisado ou nele, quando possível) para ir iniciando a codificação do que será essencial na análise. É como na leitura de um texto em que se vão fazendo marcações nas partes mais importantes. Devem-se procurar respostas para as questões de pesquisa no conteúdo do material analisado.

b) Fase de "recorte" do conteúdo. Nesta fase o conteúdo é selecionado e organizado, "recortado", ou seja, são fragmentos do conteúdo que vão, em seguida, ser objetos de análise, a partir dos conceitos e variáveis da teoria. Como na coleta e na organização são muitos os conteúdos e suas fontes, é interessante organizar da forma mais lógica (de acordo com a sequência que se pretende dar à análise) os "recortes" (trechos selecionados) para que não ocorra o que é comum: "perder-se" diante de tanto trecho ou fragmento de conteúdos.

Todo o material (os trechos selecionados) é organizado com base em temáticas ou assuntos. Mais uma vez é necessário colocar ao lado e sempre comparar as questões de pesquisa e os objetivos com os trechos selecionados. Dependendo do material, podem-se digitar os trechos marcados, recortar com tesoura, grifar com canetas coloridas, digitar seu conteúdo etc.

c) Fase de análise e descrição do material "recortado". Faz-se uma verificação mais profunda do material (análise); em seguida, procuram-se conteúdos com coincidências e divergências do que foi estabelecido, como objetivos e questões, selecionados como principais variáveis do referencial teórico para o estudo. Esse conteúdo deve ser separado para a fase posterior, que é a descrição para fins analíticos. Aqui a organização é outra e com menor volume de material selecionado.

Cabe ao pesquisador comparar o que foi retirado do texto (o conteúdo) para analisar. Analisar aqui é ver em que medida o material selecionado, ao ser comparado com a literatura e teoria, pode responder as questões de pesquisa, ajudar a alcançar os objetivos e confirmar ou não as hipóteses. Analisar significa ampliar o pequeno trecho com base na literatura e teoria. É mostrar os significados teóricos dos trechos selecionados.

d) Fase de interpretação do material já "filtrado" nas etapas anteriores. Nesta parte se faz uma matriz para melhor selecionar o que será usado no relatório final, estabelecendo conexões entre o que foi coletado e analisado e o que dizem os autores na literatura consultada e a teoria de base ou referencial teórico; comparando, no final, com as questões, objetivos e hipóteses de pesquisa.

Essa é a etapa de análise porque é nela em que se faz a comparação dos resultados das informações geradas (nas variadas fontes) com a matriz teórica (categorias, conceitos e variáveis) trabalhada para o embasamento metodológico. Os Quadros 5.1 e 5.2 a seguir são exemplos de matrizes de análise que podem ser usadas nos procedimentos descritos.

Aqui é importante destacar que, ainda na fase de planejamento da pesquisa (o projeto de pesquisa), o pesquisador deve explicar de que forma serão realizadas as análises do material coletado. Esse roteiro de desenvolvimento das análises serve justamente para auxiliar essa etapa. Também tem como objetivo demonstrar que o material a ser coletado deve ser minimamente planejado em sua análise para que não ocorram dois problemas de igual gravidade: (a) a pesquisa fez previsão de coleta de dados além do necessário e o pesquisador não terá tempo suficiente para analisá-los, o que implica desperdício de tempo e outros recursos. Quem avalia o projeto e tem experiência facilmente verá essa falha; (b) o projeto fez previsão de levantamento de um número

Procedimentos de análise dos resultados de pesquisa **143**

menor de informações, o que implicará não alcance dos objetivos e possivelmente não responderá as questões de pesquisa. Logo, é de grande importância que se prevejam tamanho e quantidade de informações a serem levantadas e analisadas e esta parte se propõe a auxiliar nessa etapa de planejamento da pesquisa.

Quadro 5.1 – Exemplo de uma primeira matriz para análise do conteúdo pesquisado

Roteiro Desenvolvido para o Procedimento da Análise	Trechos da Análise retirados do Roteiro	Comparação entre os Trechos, as Questões, Objetivos, Hipóteses e elementos da Literatura e Teoria

Fonte: Os autores.

Quadro 5.2 – Exemplo de uma segunda matriz para análise do conteúdo pesquisado

Objetivos da Pesquisa	Questões de Pesquisa	Trecho do Conteúdo já Analisado na Primeira Matriz	Trechos da Literatura Trabalhada	Conceitos, Categorias ou Variáveis da Teoria	Conclusões e Sugestões

Fonte: Os autores.

Quando o conteúdo a ser analisado for originado de entrevistas, é importante compreender que nem todo conteúdo de uma entrevista pode ser colocado no relatório. Dessa forma, o roteiro mais adequado para um tratamento de informações geradas, a partir da análise de conteúdo, pode ser desenvolvido também com base nos exemplos dos Quadros 5.1 e 5.2, usados para que a análise de trechos do conteúdo estudado, depois de "filtrada", siga as próximas orientações:

a) Desenvolve-se uma "matriz primária" de análise em que se analisa, depois de várias leituras, o conteúdo total do que está sendo pesquisado (entrevistas, narrativas, documentos, jornais etc.), a partir do roteiro de análise. Em seguida retiram-se trechos mais relevantes para a análise e a partir desses trechos podem-se montar várias matrizes, se assim for necessário. A partir de um conjunto de matriz de análise de conteúdos, o pesquisador pode fazer de forma sequencial o procedimento prévio para colocar na metodologia de seu relatório e apresentar nos resultados apenas os quadros das matrizes de análises mais importantes.

b) Outra matriz (secundária) pode ser desenvolvida colocando-se as informações (já analisadas e sintetizadas) numa outra coluna, acrescentando uma coluna com questões, hipóteses e objetivos de pesquisa, para efeito de comparação.

c) Na matriz, acrescenta-se mais uma coluna, ao lado da que está com o conteúdo analisado. Ali se colocam as referências teóricas, especialmente as variáveis analíticas. Essa fase serve para comparar a amplitude e a abrangência da teoria com as informações de campo e, portanto, apontar seus limites e aplicabilidade, com base na empiria (campo).

d) Em outra matriz se colocam os resultados analisados numa coluna, as conclusões em outra, a teoria analisada (vaiáveis, conceitos e categorias) em uma terceira coluna, e as sugestões ou recomendações em outra coluna. Por ser mais completa e maior, já é a matriz que vai direcionar para o desenvolvimento da conclusão ou conclusões do trabalho. O uso da matriz é importante para servir de guia para a elaboração da redação final do relatório de pesquisa. Esses mesmos procedimentos podem ser usados na análise do discurso, a seguir.

5.2 O uso da análise do discurso

Muito parecida com análise do conteúdo, a análise do discurso é mais intersubjetiva, porém exige habilidade maior de quem a pratica. Seu fundamento é o que há por trás do que está escrito, dito, expresso em um determinado espaço analisável. É uma prática ou um campo de atuação da linguística e da comunicação, e até mesmo do marketing. Tem como referência a análise de construções (nitidamente observáveis) nos textos, nas mensagens ou em outra forma de comunicação escrita.

Partindo do princípio de que um discurso é uma prática social, já que o indivíduo (autor do discurso) coloca, em sua mensagem, os valores de seu mundo, das suas ideologias, então, há por trás um contexto social que marca o discurso. E, para ser identificado, precisa ser interpretado o contexto em que o conteúdo foi gerado e o mundo no qual o autor do discurso está inserido (MAINGUENEAU, 2002; ORLANDI, 2000).

Muito usada para analisar discurso político, a análise do discurso é uma técnica de análise das intenções e das motivações do autor ao fazer tal discurso, ou a emitir uma mensagem. Por trás de um discurso, podem estar (algumas vezes, sem a intenção) motivações, valores, crenças etc., ou um conjunto de símbolos criados com base numa ideologia do emissor do discurso. Portanto, a base é o texto (produto da análise discursiva e objeto empírico fonte da análise) e sua análise propriamente dita (resultado identificado de valores, símbolos, crenças, ideologias presentes) e o que está para além da visão do material visível. Partes do texto ou seus fragmentos são avaliados e comparados com o contexto dele (MAINGUENEAU, 2002; ORLANDI, 2000).

Essa capacidade de encadeamento lógico e de estabelecimento de palavras conectadas com o mundo (social e político, cultural e econômico, religioso e profissional etc.) é o que demarca o discurso (elementos da realidade) e ajuda o analista do discurso a interpretar o mundo real do emissor (autor do texto) e a leitura do texto ou sua percepção (audição ou visão) pelo receptor. Existe uma infinidade de aplicações da análise do discurso ou de discursos, mas é nas áreas de marketing e de comunicação política que são mais claras e abundantes.[1]

No discurso, o emissor da palavra (de forma escrita ou verbal) traz consigo um conjunto de valores, de significados, de uma vida social, visão de mundo que inevitavelmente estarão presentes nas palavras (o discurso). O emissor e a mensagem precisam ser interpretados com base na visão de mundo do emissor. Há interesses, objetivos, paixões, razões de ser do emissor da mensagem que o conteúdo dela não é suficiente para mostrar. Por isso a interpretação "do que se quiz dizer" com as palavras (escritas ou não) além do que realmente foi dito. No entanto, isso é difícil porque o receptor também tem sua visão de mundo, ele também está envolvido num mundo social que muitas vezes não lhe permite interpretar o que está "por trás" do que está sendo dito ou lido.

O papel do pesquisador é analisar o que foi dito, interpretar o mundo social do agente da mensagem e buscar compreender a mensagem em si. O discurso não é a mensagem em si, as palavras e as vozes. À mensagem se soma uma interpretação do mundo social do agente produtor (autor do discurso). Para isso é necessário evitar a má interpretação do que foi dito, escrito (o discurso), porque, assim como o emissor da mensagem, o pesquisador (que fará a interpretação) também tem sua visão de mundo, suas crenças, valores sociais e simbólicos que podem "interferir" na interpretação da mensagem e do emissor dela.

---

[1] O método/técnica é muito praticado por pesquisadores de publicidade e propaganda, do marketing político, de pesquisa de mercado etc.

Trata-se de interpretação dos significados passíveis de serem analisados no discurso do emissor e em seu impacto no receptor. Isso pode significar que tanto o emissor do discurso quanto o seu receptor poderão ser influenciados por outros fatores que estão não no discurso em si, mas no mundo (momento, conjuntura) em que o discurso foi produzido, ou seja, o pesquisador deve ter a capacidade de prever em seu planejamento outros fatores que podem influenciar os dois (emissor e receptor) atores e daí não prever em seu plano de pesquisa uma análise restrita ao discurso, pois é necessário levar em consideração o ambiente em que ocorreu o fato a ser analisado. A Figura 5.1 mostra o princípio da análise do discurso.

Figura 5.1 – Princípio figurativo da análise do discurso

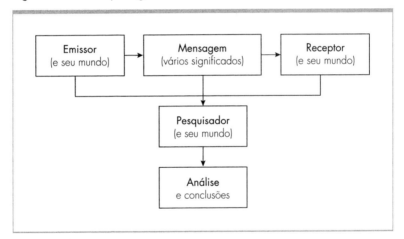

Fonte: Os autores.

Os procedimentos para o uso da técnica ou método de análise do discurso são bem parecidos com os da análise do conteúdo, inclusive os passos com matrizes de análise são fundamentais. Todavia, no caso dessa técnica/método (avaliar e perceber o discurso e verificar/identificar o contexto), deve-se ter mais cuidado para que não haja engano nas interpretações, ou seja, a subjetividade do analista não deve interferir, pois, assim como um contexto pode explicar o discurso do emissor, outro pode explicar a análise ou a interpretação do analista do discurso. Assim como o emissor pode estar (intencionalmente ou não) "contaminado" pelo seu contexto, o analista (o pesquisador que analisa o discurso) também pode se influenciar pelos seus valores, visão de mundo, crenças e ideologias, preconceitos e conjuntura do momento da análise. Então, mais uma vez é necessária a busca pela objetividade analítica diante de um método/técnica intersubjetivo de análise. Veja que a ciência não produz verdades e, sim, resultados confiáveis e coerentes.

5.3 O uso da análise estatística por meio de estudos matriciais

Dentre os "desenhos de pesquisa" utilizando metodologias quantitativas, é possível desenvolver estudos de escolha/decisão variantes com o cenário em que se encontra o pesquisado. Por exemplo: quando um consumidor visita uma loja e não compra um produto e visita outra e compra, que fator foi decisivo na mudança de opinião na decisão pela compra? Quando os valores se modificam, fazendo com que o cenário proposto crie motivação e interesse do consumidor?

Dados esses questionamentos, pode-se trabalhar com o que chamamos na área de marketing de estudo matricial, para interpretação do comportamento do consumidor, o qual descreve mudanças nos cenários dos entrevistados e mensura suas percepções, valores e experiências. O exemplo a seguir demonstrará como uma pesquisa pode propor uma análise baseada nas mudanças de cenário para o consumidor.

Por exemplo: o estudo apresentado a seguir foi desenvolvido pela análise matricial de relação 2×2 sobre a percepção de valor do cliente sobre os aspectos de marca e preço. Foram desenvolvidos quatro cenários, conforme visto na Figura 5.2, os quais demonstram perspectivas diferentes no contexto de compra de um aparelho celular com multifuncionalidade.

Figura 5.2 – Estudo cenário entre marca e preço

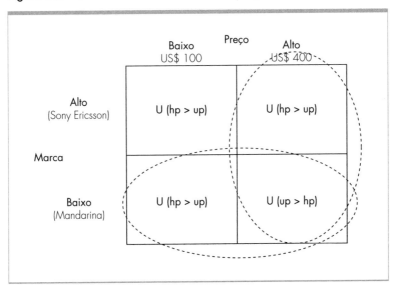

Fonte: Arruda Filho (2012).

Esse estudo, desenvolvido nos EUA em meados de 2007 por Arruda Filho (2012), trazia, além do composto de quatro células com quatro cenários diferentes, mais duas variáveis moderadoras intrínsecas ao produto com relação ao tipo deste, dados os atributos hedônicos ou atributos utilitários, o que desenvolvia a possibilidade do respondente escolher qual produto mais lhe interessava de acordo com o ambiente proposto. Cada um dos grupos que responderam a um cenário individualmente não teve acesso aos outros grupos, nem conhecia o fato de existir um cenário diferente, apenas conhecendo o que lhe foi apresentado e posteriormente perguntado.

Os cenários eram assim divididos: cenário 1: continha a possibilidade de escolher um celular com MP3 ou com agenda de trabalho da marca Sony Ericsson custando 100 dólares; cenário 2: o celular era o mesmo Sony Ericsson com as duas possibilidades, uma escolha hedônica e uma segunda escolha sendo utilitária, custando agora 400 dólares. Esses dois cenários continham produtos com alto reconhecimento de reputação da marca no produto, logo, um produto reconhecido como marca alta, possuindo um preço baixo (cenário 1) ou um preço alto (cenário 2). Na continuidade, o cenário 3 apresenta um celular da marca Mandarina (considerada marca baixa – com baixa reputação) custando 100 dólares e possibilidade de escolha entre comprar este com o atributo MP3 (hedônico), ou agenda (utilitário). O cenário 4 continha as mesmas indicações do cenário 3, apenas mudando o preço, que para este cenário era de 400 dólares (preço alto).

As validações do cenário proposto, dada a consistência do preço alto e baixo e marca alta e baixa, foram desenvolvidas nos questionários para identificar como os consumidores reconheciam a reputação da marca e o valor do preço proposto. Como cada consumidor (respondente) recebia apenas um cenário, este não tinha influência sobre os demais cenários, além de ter um estímulo sobre o que a marca, o preço e o tipo de aparelho lhe proviam. Na continuidade, perguntas sobre intenção de compra, hedonismo, utilitarismo, valor social, percepção de risco, valor e benefício, além de experiência anterior e usabilidade, foram desenvolvidas para criar o banco de dados das percepções e experiências dos consumidores.

Para a criação dos construtos, pois mais de uma questão estava medindo cada uma das variáveis propostas, foi realizada a análise de confiança pelo alfa de Cronbach, o qual precisa de um valor entre 0,7 e 0,9 para garantir a criação de uma nova variável. As questões que envolvem uma mesma análise de hedonismo (felicidade, satisfação, prazer, bem-estar), por exemplo, foram analisadas pelo alfa de Cronbach e as questões que resultavam em valores ótimos de forma conjunta eram computadas em uma nova variável, denominada agora de hedonismo.

Após a análise e construção das outras variáveis do estudo como utilitarismo, percepção de risco etc., foi realizada a regressão linear (Tabela 5.1) para explicar como as variáveis dependentes eram resultantes das variáveis independentes. Essa tabela apresenta as formas pelas quais é possível analisar os dados de forma quantitativa para que ainda na fase de planejamento de uma pesquisa se possa melhor explicar como serão realizadas as análises e apresentados os dados, qual a função de cada análise estatística e seus significados.

Tabela 5.1 – Análise de regressão para o cenário de marca e preço

Variáveis Independentes	Variáveis Dependentes	Coeficiente Não Padronizado		Coeficiente Padronizado	t	Sig.
		B	Erro-Padrão	Beta		
Utilitarismo	Preferência	– 0,103	0,020	– 0,413	– 5,081	0,000
Hedonismo		0,109	0,022	0,394	4,839	0,000
Felicidade	Hedonismo	0,442	0,107	0,372	4,120	0,000
Avaliação do Preço		– 0,151	0,089	– 0,162	– 1,697	0,093
Arriscado		0,138	0,081	0,164	1,703	0,092
Avaliação do Preço	Utilitarismo	0,253	0,089	0,245	2,855	0,005
Unidade		0,613	0,135	0,399	4,543	0,000
Qualidade		0,131	0,119	0,097	1,103	0,273

Fonte: Os autores.

Estudos de regressão como o apresentado explicam como certas variáveis se comportam mediante a mudança e inserção de novas variáveis ao contexto. A Tabela 5.1 demonstra que a variável preferência aumenta quando o utilitarismo diminui (beta negativo) e o hedonismo aumenta (beta positivo), baseada na significância baixa menor que 0,01 apresentada ao final da tabela. O valor de p (significância) pode ser de até 5% (0,05) para demonstrar inferência e, em alguns casos, pode ser aceito com 10% (0,1), como visto na variável hedonismo (2ª variável dependente), que possui significância com felicidade (P < 0,01 – 1%), avaliação do preço e arriscado (percepção de risco com a compra ou uso) (p < 0,1 – 10%) (0,093 e 0,092 respectivamente).

Para a análise geral é importante verificar a significância, para identificar que variáveis explicam a variável dependente, e também identificar o beta, para verificar se este é negativo ou positivo, de forma a conhecer a direção de explicação da variável independente.

Para o estudo de correlação, pode-se identificar como as variáveis estão de comum acordo entre as demais variáveis da pesquisa. Na Tabela 5.2 apresenta-se a correlação do estudo no exemplo apresentado (ARRUDA FILHO, 2012).

Tabela 5.2 – Análise de correlação para o estudo proposto de marca e preço

Fatores	Hed	Utilit	Util	Val	Facil	Fel	Qual	Risky
Hedonismo	1							
Utilitarianismo	0,055	1						
Utilidade	0,189	0,410**	1					
Valoroso	0,211*	0,174	0,329**	1				
Facilidade de Uso	0,080	− 0,058	0,082	0,110	1			
Felicidade	0,380**	0,229*	0,319**	0,352**	0,109	1		
Qualidade	0,105	0,189*	0,222	0,205*	− 0,015	0,422**	1	
Arriscado	0,169	0,096	− 0,021	0,052	0,175	0,170	− 0,041	1

* Correlação é significante para o nível de 0,05
** Correlação é significante para o nível de 0,01

Fonte: Os autores.

Pela Tabela 5.2 de correlação pode-se identificar como a pesquisa descreve o comportamento dos consumidores analisados. O valor hedônico tem relação direta apenas com valoroso e felicidade, identificando que quanto mais hedônico, também maior é a felicidade e o valor percebido pelo consumidor. De forma interessante, a felicidade possui correlação com hedonismo, utilitarismo, utilidade, valoroso e qualidade, identificando que esse consumidor tecnológico dirige seu foco para felicidade, construído tanto por fatores hedônicos como também utilitários, podendo informar que o consumidor possui necessidade de produtos úteis, porém que tragam diversão e prazer. De forma contínua, o pesquisador pode analisar os dados e, pela sua base teórica, descrever como essa análise de regressão descreve a pesquisa realizada.

A análise de variância precisa também ser desenvolvida, para poder identificar como os consumidores agiram de forma diversificada, dado o ambiente proposto. É necessário que a análise da interação do cenário, que foi da marca e do preço, apresente mudança, dada uma variável dependente com relação às respostas em cada determinado cenário descrito (Figura 5.3).

Apresenta-se na Figura 5.3 que existe a mudança de percepção do valor social para a preferência hedônica, quando o produto muda de marca baixa para marca alta (marca com baixa reputação, numerada com o valor 1 no gráfico, e marca com alta reputação, numerada com o valor 2 no gráfico), o valor social decresce quando o preço é alto (preço 2) e aumenta quando o preço é baixo (preço 1).

Nesse momento as respostas dos consumidores avaliados mudam de acordo com o cenário, logo, quando cada respondente tem acesso a um ambiente específico onde sua percepção de valor modifica. Na Figura 5.3, o valor mensurado é o social, o qual é percebido e respondido com altos valores para a linha do preço baixo (preço 1) e marca alta (marca 2) simultaneamente. Quando o ambiente é o de marca alta (marca 2), e o preço também alto (preço 2) visto na linha que decresce, isso significa que o valor social é percebido como baixo nesse cenário introdutório para o novo grupo avaliado.

Figura 5.3 – Estudo de variância com a variável dependente "valor social"

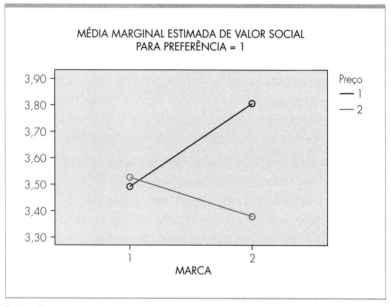

Fonte: Os autores.

Esses exemplos têm o objetivo de mostrar uma das variadas formas de se fazer análise quantitativa de dados gerados em uma pesquisa. Tanto as análises quantitativas quanto as qualitativas merecem a mesma atenção no momento de previsão de seu desenvolvimento e, da mesma forma, exigem critérios bem definidos e justificados de seu uso.

Referências

ARNOLDI, Marlene A. G. C.; ROSA, Maria V. de F. P. do C. *A entrevista na pesquisa qualitativa*: mecanismos para validação dos resultados. Belo Horizonte: Autêntica, 2008.

ARRUDA FILHO, E. J. M. Incluindo o fator social no modelo de aceitação tecnológica para estruturas convergentes. *RAUSP – Revista de Administração da USP*, São Paulo, v. 43, nº 4, 2008.

_____. Hedonic and social values supporting utilitarian technologies. *International Journal of Innovation and Learning*, v. 12, nº 1, 2012.

BABBIE, Earl. *Métodos de pesquisas de survey*. Belo Horizonte: UFMG, 2003.

BARBIER, René. *A pesquisa-ação*. Brasília: Liber Livro, 2007.

BUNCHAFT, Guenia; KELLNER, Sheilah Rubino de Oliveira. *Estatística sem mistérios*, v. I, Petrópolis: Vozes, 1997.

BUNGE, Mário. *Dicionário de filosofia*. São Paulo: Perspectiva, 2002.

COOPER, Donald R.; SCHINDLER, Pamela S. *Métodos de pesquisa em administração*. 7. ed. Porto Alegre: Bookman, 2003.

COSTA, Everaldo Marcelo S. da. *Comportamento do consumidor tecnológico no setor educacional*. 2012. Dissertação (Mestrado em Administração) – Unama, Belém.

DENCKER, Ada de Freitas Maneti. *Métodos e técnicas de pesquisa em turismo*. 8. ed. São Paulo: Futura, 2004.

DENZIN, Norman K.; LINCOLN, Yvonna S. *The sage handbook of qualitative research*. 4. ed. Sage, 2011.

DHOLAKIA, N. *The "How-to" Aspects*: Wisdom from the Field. Qualitative Research Approaches, University of Rhode Island, 2007.

FARIAS FILHO, Milton C. *Noções gerais de projeto e pesquisa*: uma abordagem didática. São Paulo: Barauna, 2009.

GIL, A. C. *Como elaborar projeto de pesquisa*. 4. ed. São Paulo: Atlas, 2002.

GLEISER, Marcelo. *O livro do cientista*. São Paulo: Companhia das Letras, 2005.

KROKOSCZ, Marcelo. *Autoria e plágio*: um guia para estudantes, professores, pesquisadores e editores. São Paulo: Atlas, 2012.

KRUEGER, R. A. *Focus groups*: a practical guide for applied research. 2. ed. Thousand Oaks: Sage, 1994.

KUHN, Thomas. *A estrutura das revoluções científicas*. 8. ed. São Paulo: Perspectiva, 2003.

LUNA, Sérgio Vasconcelos de. *Planejamento de pesquisa*: uma introdução. São Paulo: EDUC, 2007.

MAINGUENEAU, Dominique. *Termos-chaves da análise do discurso*. Belo Horizonte: UFMG, 2002.

MALHOTRA, N. *Pesquisa de marketing*: uma orientação aplicada. 4. ed. Porto Alegre: Bookman, 2006.

MARCONI, M. A.; LAKATOS, Eva M. *Metodologia do trabalho científico*. São Paulo: Atlas, 1986.

MORGAN, D. L. *Focus groups as qualitative research*. Beverly Hills: Sage, 1996.

NOETHER, Gottfried E. *Introdução à estatística*: uma abordagem não paramétrica. 2. ed. Rio de Janeiro: Guanabara Dois, 1983.

OLIVEIRA, Mirian; FREITAS, Henrique M. R. *Focus Group* – pesquisa qualitativa: resgatando a teoria, instrumentalizando o seu planejamento. *Revista de Administração*, São Paulo. v. 33, nº 3, p. 83-91, jul./ set. 1998.

OLIVEIRA, Alysson A. R. de; LEITE FILHO, Carlos A. P.; RODRIGUES, Cláudia M. C. Trabalho apresentado no XXXI EnANPAD, Rio de Janeiro, 2007.

ORLANDI, Eni P. *Análise de discurso:* princípios e procedimentos. Campinas: Pontes, 2000.

POPPER, Karl. *Conjecturas e refutações*. Brasília: UnB, 1994.

RIBEIRO, José Luís Duarte; MILAN, Gabriel Sperandio. *Entrevistas individuais*: teoria e aplicações. Porto Alegre: FEENG/UFRGS, 2004.

_____ ; RUPPENTHAL, Carla Simone. Estudos qualitativos com apoio de grupos focais. Semana de Engenharia de Produção e Transporte, 2, Porto Alegre, 2002. *Anais...*

SILVA, Edna Lúcia da.; MENEZES, Estera Muszkat (Org.). *Metodologia da pesquisa e elaboração da dissertação*. 3. ed. rev. e atual. Florianópolis: UFSC, 2001.

VERGARA, Sylvia C. *Métodos de pesquisa em administração*. 5. ed. São Paulo: Atlas, 2012.

YIN, Robert K. *Estudo de caso*: planejamento e métodos. 3. ed. Porto Alegre: Bookman, 2005.

Formato	14 x 21 cm
Tipografia	Charter 10,5/13
Papel	Offset Sun Paper 90 g/m² (miolo)
	Supremo 250 g/m² (capa)
Número de páginas	168
Impressão	Lis Gráfica